ÉTUDES

THOLOGIQUES

PAR

M. Ch. GIRAUD

ANGERS

ET LACHÈSE, LIBRAI͏̈ ͏ ͏ITEURS

Chaussée Saint-Pierre

1857

ÉTUDES ORNITHOLOGIQUES

(C.)

ANGERS. — IMP. DE COSNIER ET LACHÈSE.

ÉTUDES

ORNITHOLOGIQUES

PAR

M. Ch. GIRAUD

ANGERS

COSNIER ET LACHÉSE, LIBRAIRES-ÉDITEURS

Chaussée Saint-Pierre, 13

—

1857

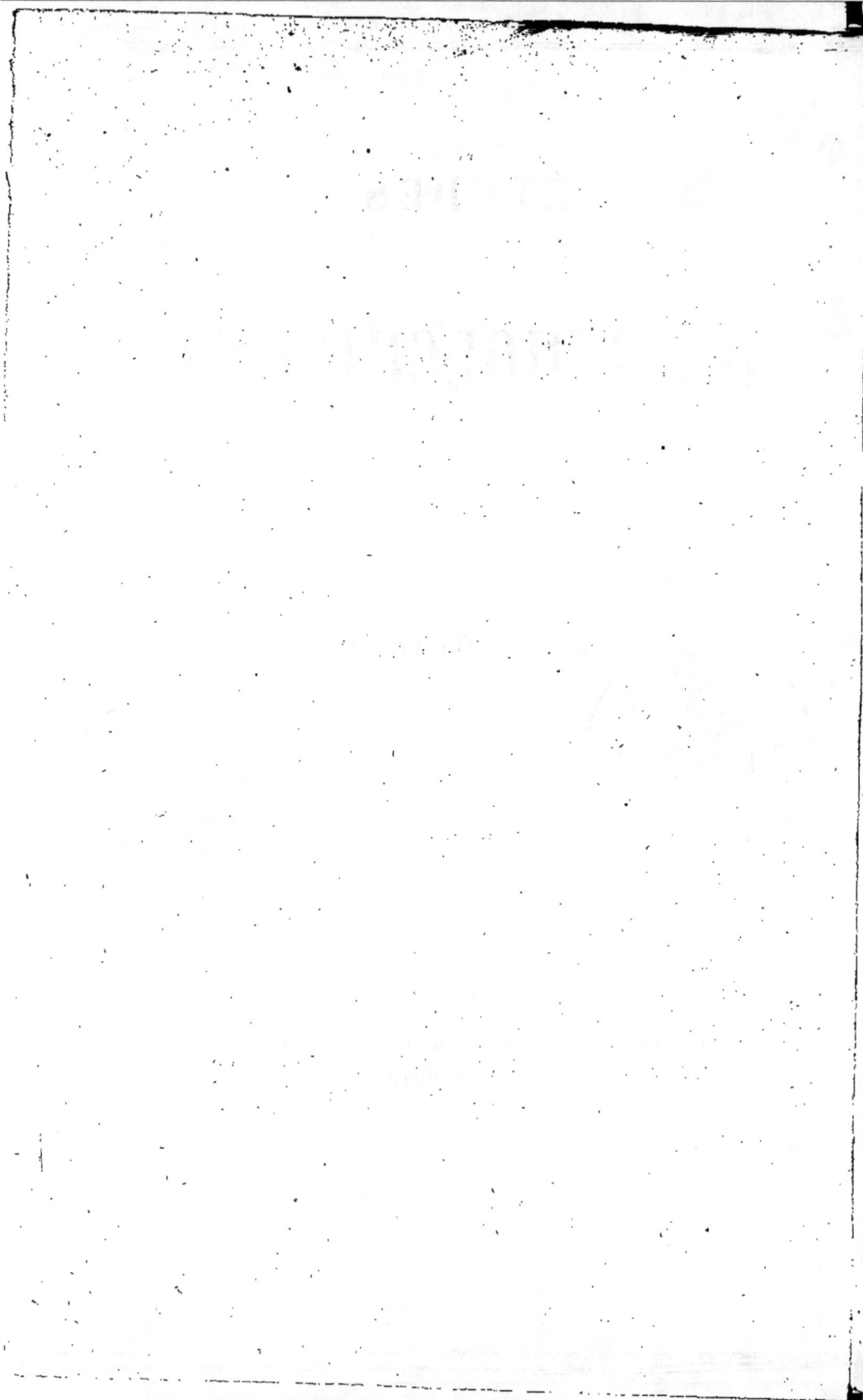

PRÉFACE.

Depuis longtemps j'habite la campagne, je l'ai toujours beaucoup aimée; bien souvent, dans mes longues courses à travers champs, j'ai passé des heures entières à observer les mœurs et les habitudes de nos oiseaux. Un secret penchant m'y entraînait et j'avais résolu, pour fixer mes souvenirs, de composer un recueil des faits qui avaient le plus captivé mon attention.

Aujourd'hui je publie ce recueil sans rien changer à l'ordre dans lequel je l'ai trouvé; sans doute l'on me fera le *grave* reproche d'avoir manqué aux règles de la méthode, je m'y soumets; et si je l'intitule *Études ornithologiques* ce n'est pas non plus que je le croye digne de ce nom; cependant comme je n'ai pu en trouver

1

un qui répondît mieux à son contenu, l'on m'excusera.

Et ce motif m'engage encore à le dédier aux personnes qui, ainsi que moi, aiment à étudier la nature, sans prétendre pour cela viser à la science.

Deux ouvrages ont paru dernièrement, l'un de M. Michelet, intitulé *l'Oiseau*, l'autre de M. Toussenel, intitulé *l'Ornithologie passionnelle*. Je ne les ai pas lus, je me suis privé de ce plaisir, dans la crainte de me dégoûter de mon œuvre, longtemps commencée avant ces deux publications, et pourtant je cède au sentiment d'auteur, qu'on écoute trop souvent. Le moment de la comparaison sera peut-être pour moi celui du repentir. Qu'on le sache bien, du reste, en livrant mes observations à la publicité, je n'ai pas la prétention de rivaliser avec ces deux écrivains ; je ne me reconnais pas le droit de provoquer avec autant de confiance le sentiment du public, notre juge commun.

DE L'ESPRIT DES BÊTES.

—

Les bêtes ont-elles de l'intelligence ou seulement de l'instinct, sont-elles douées de l'un et de l'autre, et, si elles en sont douées, jusqu'à quel degré peut-on dire qu'elles le sont? Questions débattues depuis des siècles, sujet de sérieuses controverses auxquelles ont pris part les plus grands génies.

L'on comprend facilement que chacun veuille savoir ce qu'en ont dit et pensé Descartes, Buffon, Réaumur, Locke, Condillac et autres penseurs. Les vastes intelligences jouissent à bon droit du privilége d'exciter la curiosité; que ceux donc qui voudront connaître leurs pensées consultent leurs écrits et surtout l'intéressant ouvrage dans lequel M. Flourens passe en revue les opinions et les systêmes de ces hommes célèbres. — J'ai lu et relu plusieurs fois ce petit volume écrit avec la clarté qui distingue tout ce qui sort de la plume de son auteur.

Dans une analyse rapide mais toujours lumineuse de ces divers systêmes, c'est d'abord l'opinion de Descartes, sur *le pur automatisme* des bêtes, que l'auteur examine et discute. Descartes, selon M. Flourens, n'était pas, bien qu'on l'ait prétendu, pour le pur automatisme, mais pour *l'automatisme mixte* de Buffon. Cependant Buffon va plus loin; non seulement il leur accorde la vie et le sentiment comme Descartes, mais encore *la conscience de leur existence actuelle.* Toutefois il leur refuse *la pensée, la réflexion, la mémoire* ou *la conscience de leur existence passée*, ou *la faculté de comparer des sensations* ou *d'avoir des idées.* — Chacun de ces points est pour M. Flourens un sujet de fines et judicieuses observations, et avec cette logique pleine de sens qui ne l'abandonne jamais, il fait voir que le mécanisme à l'aide duquel Buffon explique la plupart des actes des animaux, est un mécanisme où tout se combat et se contredit, et il approuve F. Cuvier d'avoir dit que ce système est plus inintelligible que celui de Descartes. Réaumur, au contraire, dit M. Flourens, accorde aux bêtes jusqu'à l'intelligence, en ne

croyant leur accorder partout que l'instinct. Puis
passant à Condillac, il le loue d'accorder aux bêtes
un certain degré d'intelligence, et lui reproche de
leur accorder *l'invention, le jugement* et *la compa-*
raison, et toute sa théorie, ajoute-t-il, sur les *fa-*
cultés des animaux est ainsi radicalement vicieuse,
par cela seul qu'elle confond partout deux faits essentiellement distincts, *l'instinct* et *l'intelligence*. En
parlant du systême de G. Leroy il lui adresse le
même reproche.

Mais si les animaux ont de *l'intelligence*, comme
le croit et le démontre M. Flourens dans son examen
de ces diverses théories, quelle est donc, se de-
mande-t-il, la limite précise de cette intelligence,
car c'est là qu'est évidemment toute la difficulté.

Selon M. Flourens, l'instinct est une force primitive
et propre comme la sensibilité, comme l'intelligence.
Il y a de l'instinct jusque dans l'homme, c'est par un
instinct particulier que l'enfant tette en venant au
monde. Mais dans l'homme presque tout se fait par
l'intelligence, et *l'intelligence y supplée à l'instinct.*
L'inverse a lieu pour les dernières classes des animaux, l'instinct leur a été accordé comme supplé-
ment de l'intelligence. Le premier pas à faire pour
résoudre la difficulté était donc de séparer l'instinct
de l'intelligence, et le second de séparer, soit pour

l'intelligence, soit pour l'instinct, les classes et les espèces.

Cela constaté, et s'appuyant sur les observations faites avec une rare sagacité par F. Cuvier, M. Flourens trace les limites de l'intelligence dans les différents ordres des mammifères, et arrive à cette conclusion :

« L'opposition la plus complète sépare l'instinct » de l'intelligence.

» Tout dans l'instinct est aveugle, nécessaire et » invariable. Tout dans l'intelligence est électif, con- » ditionnel et modifiable. »

Et enfin après avoir établi ce qui distingue l'intelligence des bêtes de celle des hommes, il termine par ce résumé :

« En un mot les animaux sentent, connaissent, » pensent; mais l'homme est le seul de tous les êtres » créés à qui le pouvoir ait été *donné de sentir qu'il* » *sent, de connaître qu'il connaît et de penser qu'il* » *pense.* »

Je ne sais si je suis parvenu, dans ce court exposé, à donner une idée claire des divers systèmes et de l'opinion de l'illustre académicien, je le voudrais plus que je ne l'espère. Quoiqu'il en soit, je dois faire remarquer que mon but a été surtout d'appeler l'attention sur ce point important, que

M. Flourens refuse aux bêtes la faculté de *sentir qu'elles sentent, de connaître qu'elles connaissent et de penser qu'elles pensent.*

Dans un chapitre de son ouvrage intitulé : *de quelques opinions célèbres touchant l'intelligence des bêtes*, l'auteur, après avoir cité et commenté avec sa sagacité habituelle l'opinion d'Aristote, de Plutarque, de Montaigne, d'Arcussia, de Leibnitz, de Locke, de Bonnet et d'autres philosophes et savants naturalistes, ajoute encore :

« Toutes mes études me ramènent toujours à mes
» conclusions précédentes.

» Il y a trois faits : l'instinct, l'intelligence des
» bêtes et l'intelligence de l'homme, et chacun de ces
» faits a sa limite marquée.

» L'instinct agit sans connaître, l'intelligence con-
» naît pour agir, l'intelligence seule de l'homme
» connaît et *se connaît.*

» La réflexion bien définie est la connaissance de
» la pensée par la pensée. »

Enfin, dans un autre chapitre intitulé *du Naturel des animaux*, M. Flourens cite une petite histoire rapportée par M. Dureau de la Malle, histoire fort remarquable selon moi, et que je rapporterai à mon tour, comme un fait qui me semble venir à l'appui d'une opinion beaucoup plus favorable à *l'étendue* de l'intelligence des animaux, puisque selon cette opinion les bêtes auraient jusqu'à un certrain point connaissance de leurs actes, en un mot *connaîtraient qu'elles connaissent* ou *sentiraient qu'elles sentent*. Je ne le cacherai pas, cette opinion je la partage, mon expérience et mes observations l'ont rendue invincible.

Voici ce que dit M. Dureau de la Malle :

« A l'époque où les petits des faucons et des éper-
» viers commencent à voler, j'ai vu plusieurs fois par
» jour les pères et les mères revenir de la chasse
» avec une souris ou un moineau dans leurs serres,
» planer dans la cour et appeler par un cri toujours
» semblable leurs petits restés dans le nid. Ceux-ci
» sortaient à la voix de leurs parents et voletaient
» au-dessous d'eux. Les pères alors s'élevaient per-
» pendiculairement, avertissaient leurs écoliers par
» un nouveau cri et laissaient tomber de leurs serres
» la proie sur laquelle les jeunes animaux se préci-
» pitaient. Aux premières leçons, quelque fût l'atten-
» tion des pères à laisser tomber l'objet presque sur
» leurs petits, volant à cinquante pieds au-dessous
» d'eux, les apprentis maladroits manquaient presque
» toujours de l'attraper. Alors les pères fondaient sur
» la proie et la ressaisissaient toujours avant qu'elle
» eût touché la terre ; puis ils s'élevaient toujours

» pour faire répéter la leçon, et ne laissaient man-
» ger la proie à leurs petits que lorsque ceux-ci
» l'avaient saisie.

» Je puis même assurer, tant le lieu et les cir-
» constances étaient propres à ce genre d'observa-
» tions, que l'enseignement était gradué...., car une
» fois que les jeunes oiseaux de proie avaient appris
» à rattraper dans l'air des souris mortes, les pa-
» rents leur apportaient des oiseaux vivants, et ré-
» pétaient la même manœuvre que j'ai décrite, jus-
» qu'à ce que leurs petits fussent capables de saisir
» un oiseau au vol d'une manière sûre, et par con-
» séquent de pourvoir eux-mêmes à leur nourriture
» et à leur conservation. »

Ce récit dont chaque terme mérite pour ainsi dire
une attention particulière, ne contient-t-il pas la
preuve presque évidente que les pères et mères des
jeunes oiseaux de proie avaient conscience que leurs
petits ignoraient ce qu'ils cherchaient à leur apprendre avec tant de soin et d'efforts répétés. Cet
habile manège s'expliquerait-il par l'instinct; n'y
verrait-on, suivant la définition de ce mot par
M. Flourens, que le résultat d'une force *aveugle*,
nécessaire, *invariable*; d'un autre côté, si l'on veut
bien y voir un acte qui suppose la réflexion, la mé-
ditation, c'est-à-dire un acte de véritable intelli-

gence, faudra-t-il alors admettre que si ces oiseaux ont agi intelligemmment, ils ont agi sans savoir qu'ils savaient ce qu'ils faisaient. Si cela était, l'on devrait également nier qu'ils voulussent enseigner à leurs petits ce que ceux-ci ignoraient. Car comment savoir que les autres ignorent ce que nous ne connaissons pas nous-mêmes; et comment ne pas savoir que l'on sait ce que l'on enseigne si bien, et surtout quand on accorde la récompense seulement alors qu'on s'est assuré que la leçon a été bien comprise, cela n'impliquerait-il pas contradiction ? Comment ! l'on m'accorderait l'intelligence de comprendre que mes enfants ont besoin de mon expérience et de mes leçons pour apprendre à se conduire, et l'on me refuserait de comprendre ce que j'enseigne ? Mais, enseigner, n'est-ce pas apprendre aux autres ce que l'on sait, et comment peut-on savoir que les autres l'ignorent, si on ne sait qu'on le sait ? Je l'avoue, il m'est impossible de me rendre autrement compte de l'acte de ces oiseaux, qu'en leur accordant une intelligence supérieure à celle que veut leur accorder M. Flourens.

Et que d'actes d'une intelligence manifeste on pourrait citer de l'éléphant et du chien, du chien dont les yeux sont pour ainsi dire parlants tant ils sont expressifs. Eh quoi! je pourrais croire que cet

animal si intelligent et doué d'une si grande sensibilité *ne sent pas qu'il sent!* Pourquoi donc, si je le
menace du fouet pour le corriger d'une faute, pourquoi s'éloigne-t-il crispé par la crainte, si ce n'est
pas parce qu'il sent que si je le frappais, il éprou-
verait une douleur à laquelle il veut se soustraire. Et
serait-ce aussi sans savoir se rendre compte de ce
qu'il fait, qu'il va choisir la plante dont il a besoin
pour débarrasser son estomac de la nourriture qui
le surcharge ; et s'il aperçoit le pas d'un lapin,
d'un lièvre ou de tout autre animal qu'il a l'habitude
et le désir de poursuivre et d'atteindre, pourquoi y
porte-t-il aussitôt le nez, *s'il ne savait qu'il sait* que
l'odeur laissée sur la trace lui révélera la route suivie
par cet animal; et pourquoi encore saura-t-il démê-
ler l'odeur de la perdrix de celle du lièvre, si ce
n'est parce qu'il aura appris à faire un choix, et,
pour choisir, ne faut-il pas avoir *jugé, comparé,* et
par conséquent *savoir que l'on sait et connaître
que l'on connaît.* Non! tous ces actes ne peuvent
être le résultat d'une intelligence qui s'ignore.

Qu'il me soit permis de citer encore certains traits
particuliers d'intelligence de deux chiens élevés chez
moi ; l'un, qui est braque, vit encore. Dès leur jeune
âge, tous les deux, le braque surtout, annoncèrent
une aptitude et des dispositions vraiment extraordi-

naires pour la chasse des souris, des mulots et des
taupes. Je n'exagère pas en disant que jamais je n'ai
rencontré de plus fins, de plus patients, en un mot
de plus habiles taupiers, et je ne suis pas le seul dont
leur adresse ait provoqué l'étonnement. Bien souvent
il m'est arrivé, lorsque je chassais avec un ami, de
m'entendre appeler par ce dernier, pour me prévenir
que mon chien marquait un arrêt.

—Approchez, répondais-je, et vous allez voir ce qui
va probablement arriver; nous approchions, et voici la
manœuvre dont nous étions les témoins admirateurs.

Le chien en présence d'une trace de taupe fraî-
chement dessinée s'arrêtait, puis il la parcourait dans
toute sa longueur, marchant à pas comptés et n'appuyant ses pattes sur le sol qu'avec la plus grande
précaution, dans la crainte de faire le moindre bruit
et de donner l'éveil; ce parcours terminé, il revenait
sur ses pas avec la même attention et s'arrêtait vers
le milieu de la trace où il s'accroupissait, attendant
en silence, et portant un regard attentif et rapide,
tantôt à droite, tantôt à gauche, afin de surprendre
le plus petit mouvement; puis au moindre soulève-
ment de terre qu'il apercevait, il se lançait et d'un
bond arrivait à l'endroit, où en deux ou trois coups
de pattes prestement exécutés, il soulevait la taupe
et l'apportait à son maître.

Voyez, dirais-je comme La Fontaine, dans son admirable fable *des souris et le chat-huant*, qui est à la fois, comme on sait, un chef-d'œuvre de concision et de fine critique du système de Descartes;

Voyez que d'arguments il fit :

La taupe que je guette et que je veux prendre est sous terre; elle a l'ouïe fine et peut entendre le plus léger bruit; sitôt qu'elle l'entend elle se cache et s'enfonce rapidement sous le sol; en conséquence, il faut arriver près d'elle sans être entendu, donc je dois m'avancer vers sa trace avec la plus grande précaution et pour plus de sureté me tenir immobile, car ainsi il n'est pas possible qu'elle se doute de ma présence et je me placerai de telle sorte que je pourrai la suivre facilement sur toute la ligne de sa marche souterraine, et enfin pour la surprendre sûrement, mon attaque doit être brusque et soudaine.

Prétendra-t-on que ce chien n'a pas agi avec réflexion, que sa manœuvre n'est pas le résultat d'une très habile combinaison? quant à moi, je crois avoir le droit de dire encore avec La Fontaine :

« Si ce n'est pas là raisonner,
» La raison m'est chose inconnue. »

Eh! pourquoi ne voudrait-on pas que cette intelligente bête eût connaissance de ce qu'elle fait et

qu'elle agit ne sachant ce qu'elle faisait. Serait-
ce parce qu'elle n'en dit rien *et que ne pouvant user
de paroles ni d'autres signes*, comme le dit Descartes, *elle ne peut comme nous déclarer aux autres
ses pensées*? et si le sage Plutarque dit aussi que les
animaux n'ont *que des voix et point de langage*,
Montaigne qui n'était pas tout-à-fait dépourvu de
sens, veut lui, qu'elles en aient un. — « *Nous ne
» les entendons point, il est vrai*, dit-il, *mais à qui
» la faute? c'est à deviner*, ajoute-t-il, *à qui est la
» faculté de ne nous entendre point, car nous ne les
» entendons pas plus qu'elles nous entendent; par
» cette même raison, elles pensent nous estimer bêtes
» comme nous les estimons.* »

Entre Descartes, Plutarque et Montaigne, il est
permis de balancer; pour moi, je l'ai déjà dit, la
réflexion et mes observations m'entraînent vers
l'opinion de ce dernier.

Mais diront les gens bien élevés, est-ce que sérieusement vous prétendez placer la brute au rang des
penseurs et surtout ces deux chiens dont vous nous
avez raconté les finesses avec tant de complaisance?

Pourquoi n'en feriez vous pas de suite des méta-
physiciens, des spiritualistes? Vous êtes en bon chemin, qui vous arrête? Cependant vous êtes bien osé
d'opposer votre sentiment à celui de tant d'hommes

célèbres ; vous êtes-vous au moins fait connaître par des études et des expériences physiologiques. Hélas non ! Vous faites donc profession de philosophe, pas davantage ! Qui êtes-vous donc enfin pour vous poser en défenseur d'une thèse où vous trouvez de si redoutables adversaires. Rien ! qu'un modeste contemplateur des choses de ce monde, un de ces naturalistes amateurs dont parle Bonnet, *qui aiment à s'enfoncer dans les bois pour suivre les allures des êtres sentants, juger des développements et des effets de leur faculté de sentir, et voir comment par l'action répétée de la sensation et de l'exercice de la mémoire, leur instinct s'élève jusqu'à l'intelligence.*

Voilà mon seul titre qui, j'espère, ne portera d'ombrage à personne ; et ma conviction invincible, l'excuse que j'invoque pour y mettre à l'abri mon inexcusable témérité, et pour consolation, la compagnie de Michel Montaigne et du bonhomme La Fontaine.

LE TROGLODYTE.

En voyant ce titre on pourrait croire à des recherches sur l'existence plus ou moins certaine
d'une nation qui jadis habitait, dit-on, la partie
orientale de l'Afrique; qu'on se rassure, j'abandonne
aux savants cette importante affaire.

Je veux tout simplement et en très peu de mots
faire l'historique du plus mince habitant ailé de nos
climats, le roitelet toutefois excepté.

Le troglodyte, ainsi nommé par les naturalistes,
est cet oiseau vulgairement appelé *bérichon* dans
notre Anjou. La couleur brune et sombre de son
plumage est en rapport avec la modestie de ses habitudes; son vol, toujours peu élevé, est brusque,
rapide et court. C'est ordinairement le long des

fossés, sur les débris de vieux murs, au pied des buissons, qu'on le voit chercher en sautillant les petits insectes dont il se nourrit. Il se rapproche volontiers de l'habitation de l'homme ; mais il semble fuir la demeure du riche et les monuments fastueux.

C'est à la chaumière, au toit le plus humble, qu'il suspend son nid et confie sa nombreuse couvée. C'est le chantre du pauvre ; il le console et semble lui dire par la vivacité et la gaîté de son chant que la saison des frimats est passée.

Aux premiers beaux jours sa voix prend un éclat hors de proportion avec sa petite taille. Eveillé avant l'aurore il nous annonce un des premiers le retour de la lumière.

Bien des gens ne savent pas, et Buffon lui-même pourrait avoir ignoré, que ce petit être, toujours si vif et si *allègre*, malgré son extrême délicatesse, est susceptible d'éducation et doué d'une puissante mémoire : il sait imiter à s'y méprendre le chant des autres oiseaux.

Je me rappelle en avoir entendu un qui chaque matin venait s'établir sur le bord d'une fenêtre où était suspendue la cage du serin le plus mélomane que j'aie jamais connu. C'était une lutte de longue haleine, dans laquelle il était impossible à l'oreille la plus exercée de distinguer lequel des deux virtuoses connaissait le mieux et savait exprimer avec le plus de précision le répertoire entier d'une admirable serinette.

Les concerts de ces oiseaux me charmaient, j'y prenais un plaisir extrême; aussi m'étais-je bien promis de payer à leur mémoire, quand l'occasion se présenterait, le faible tribut de ma reconnaissance.

Le troglodyte ne vivrait pas en cage; il est d'humeur trop indépendante et préférerait, je crois, la mort à une vie cellulaire. Du reste je ne sais si l'expérience a été tentée. Ce serait un essai digne des ornithophiles, et dans tous les cas je le leur recommande comme une source de délices, si le succès couronnait leurs efforts.

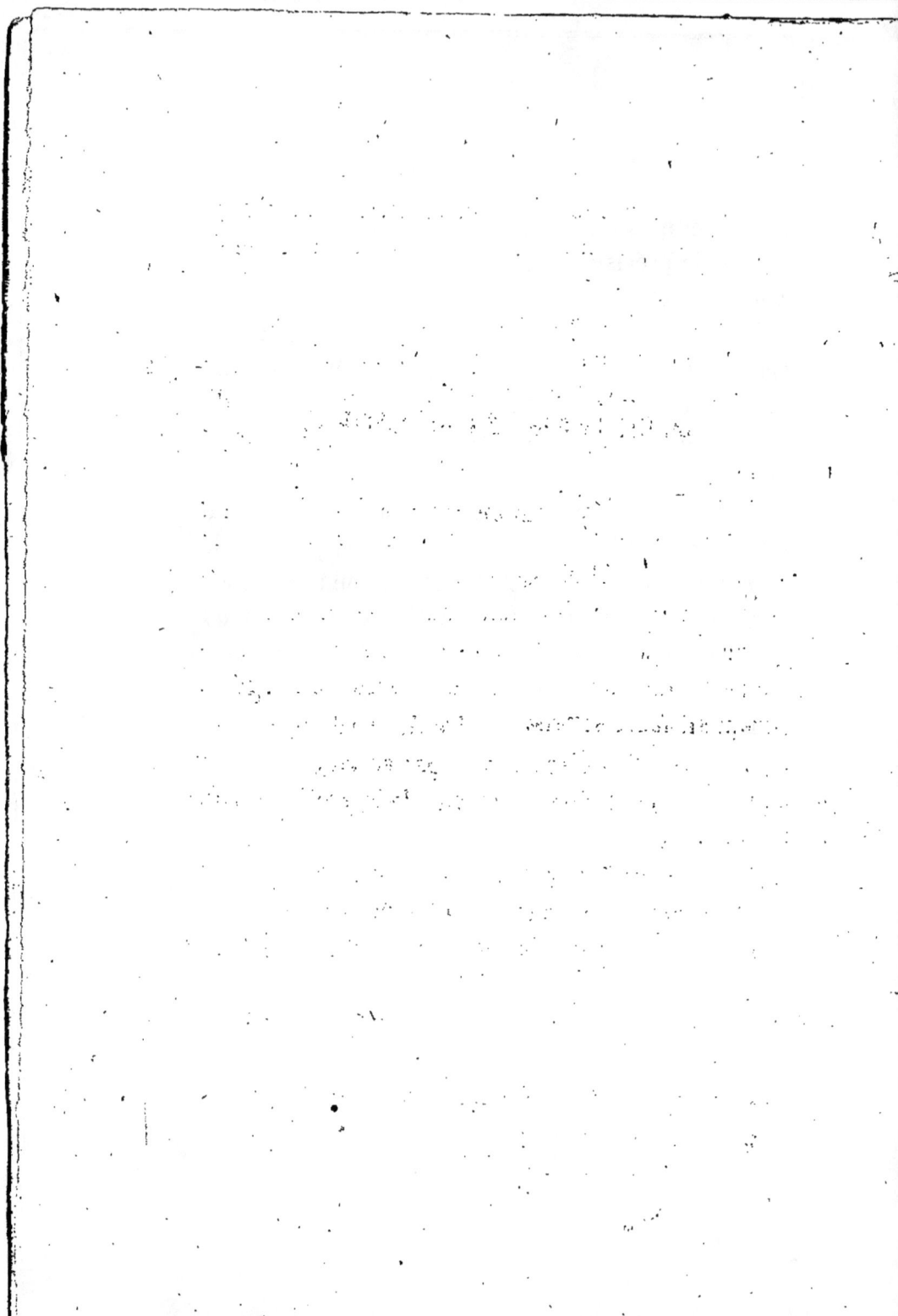

LE CORBEAU, LA CORNEILLE

OU LA GROLLE.

—

J'ai dit ce que j'avais à dire du troglodyte, petit oiseau, petite histoire. Je vais parler maintenant du corbeau ou plutôt de la corneille, de la *grolle*, comme l'appellent nos villageois.

Du bérichon à la corneille le passage est brusque, j'en conviens, mais je suis l'ordre de mes souvenirs, sans nul souci des lois de la méthode. Après tout je ne fais pas une œuvre didactique.

Quiconque voudra porter un regard attentif sur la corneille, ne tardera pas à reconnaître que la nature en a fait un type de puissance et d'énergie vitales. Quel larynx, quel thorax et quelle voix! et aussi quel plumage serré, fourré et toujours si bien lustré !

La corneille vit cent ans, sa longévité est devenue proverbiale, et longtemps encore nos jeunes latinistes se transmettront d'âge en âge la phrase sacramentelle : *corvi dicuntur diutissimè vivere.*

Oui ! Dieu a donné au corbeau et à la corneille une longue vie, mais savent-ils toujours en faire un noble usage ? je n'hésite pas à me prononcer pour la négative, et je prouverai que mon opinion n'est pas une calomnie. Cet oiseau manque de cœur et de délicatesse ; cependant avant de l'attaquer sur ces vices capitaux, je veux dire quelques mots de ses rares qualités. La corneille connaît admirablement le milieu dans lequel elle est appelée à vivre, son instinct lui a révélé les lois de la physique, et je me rappelerai toute ma vie un fait qu'il faut consigner ici.

C'était à la fin du mois d'août, je suivais doucement les bords de la jolie rivière du *Loir ;* le soleil arrivait au plus haut de son cours, la chaleur était pénétrante et le silence régnait autour de moi ; la nature se reposait et je sentais moi-même le besoin du repos. J'avisai un vieux saule, et à l'ombre de son feuillage je me couchai, les yeux dirigés vers le ciel.

A peine avais-je goûté le charme de cette position contemplative, qu'un spectacle étrange me troubla. Je voyais devant mes yeux une innombrable quantité de petits points noirs, allant, venant et circulant dans l'espace à une distance qu'il m'était impossible d'apprécier.

Je crus d'abord que j'étais le jouet d'une illusion; puis l'imagination aidant, je passai à la crainte d'un affaiblissement de la vue, et revenant bientôt à l'espérance, — non me dis-je, je ne suis point encore à l'âge (car j'étais jeune alors) où l'on peut redouter la perte du plus précieux des organes. Allons! du courage, de la patience et pénétrons ce mystère.

Je fixe de nouveau et pendant un long temps mes regards vers l'azur le plus pur, même nombre de points, mêmes évolutions. Cependant leur aspect change, leur volume devient plus apparent. Tout à coups j'entends un sifflement, et bientôt j'aperçois clairement une nuée de corneilles se laissant choir comme des balles à travers les airs. Lorsqu'elles furent arrivées à une faible distance du sol, elles étendirent leurs ailes, qu'elles refermèrent lentement au moment où elles se reposèrent sur la prairie.

Qu'étaient-elles allé faire dans ces régions élevées? pourquoi ce retour soudain et si rapide? Voici ce que je répondis aux questions que je m'adressai :

Elles ont fait usage de leurs ailes pour aller chercher là haut ce que j'ai vainement cherché à l'ombre
de cet arbre. Il fait une chaleur insupportable ici-
bas, même sous la feuillée l'air n'est pas respirable ;
gagnons le haut des airs nous y trouverons sûrement
le frais, et ne revenons à terre qu'au retour de la brise.

Tel fut le raisonnement que je supposai dicté par
l'instinct à mes corneilles, et je pense encore aujour-
d'hui que je ne me trompais pas. C'est pourquoi
depuis ce jour j'ai proclamé le corbeau, la corneille
ou la grolle *physiciens pratiques* de premier ordre,
quoique non diplômés.

Je voudrais n'avoir que des éloges à donner, j'ai
peu de goût pour le blâme, et n'aime pas à m'appe-
santir sur les défauts d'autrui. Cependant lorsqu'on
raconte il faut être impartial, et la morale exige
que l'on flétrisse sans ménagement les passions
basses et les actions dégradantes.

Il faut donc le reconnaître, la corneille est loin
d'être exempte de mauvais penchants ; il en est un
surtout qui lui a mérité le châtiment d'être classée
parmi les animaux carnassiers, mais lâches. En effet,
on dirait qu'elle se repaît avec bonheur de la chair
des animaux morts, elle attaque leurs cadavres avec
ardeur, se plonge dans les entrailles avec une sorte de

délices. J'ai été témoin..... mais non, détournons nos regards d'un spectacle qui soulèverait le dégoût, et pourtant ce n'est point assez, il faut le dire encore, la corneille est sans pudeur, sans respect pour la faiblesse et pour l'enfance. Que de fois j'ai vu des corneilles ou des pies venir sous mes yeux, à mes pieds, enlever de pauvres petits poussins et des cannetons, malgré mes cris et ceux de leurs innocentes victimes, et commettre ce rapt avec toute l'effronterie de vieux coquins.

Des ornithophiles de nouvelle date se sont mis à l'œuvre, et depuis quelque temps nous rencontrons, tantôt dans un journal quotidien, tantôt dans une revue agricole et autres publications, les plaidoyers les plus chaleureux en faveur de certaines espèces de nos oiseaux, dont les mœurs et les instincts ne me semblaient guère mériter un tel excès de zèle.

— Aujourd'hui c'est le moineau, demain la mésange, un autre jour le corbeau qu'ils combleront d'éloges dans leurs panégyriques.

— Gardez-vous, s'écrient-ils, de troubler le moins du monde l'existence de ces êtres bienfaisants. Chasseurs, oiseleurs, cultivateurs, réfrénez l'aveugle passion qui vous entraîne, cessez votre guerre impie contre nos plus fidèles serviteurs. Comment avez-vous pu méconnaître les services immenses qu'ils

vous rendent? vous ignorez donc qu'on peut compter
par millions les insectes que le moineau, la mésange,
le corbeau et bien d'autres détruisent chaque année!
En vérité votre aveuglement est étrange, mais notre
persévérance à les défendre égalera l'énergie de vos
attaques.

Je ne finirais pas si je voulais rappeler ce que
l'on a écrit à la louange de ces oiseaux. J'en ai dit
assez.

On verra plus loin ce que je pense du moineau;
quant à la mésange j'en parlerai peu, parce qu'elle
est malheureusement douée, elle a le cœur dur et
sa cruauté est excessive. Cette méchante petite harpie
attaque sans ménagement les pauvres oiseaux affai-
blis par la maladie, elle s'acharne à les tourmenter,
et à coups de bec redoublés, avec une fureur fréné-
tique, elle leur brise le crâne dont elle fait jaillir la
cervelle. Et si elle détruit un grand nombre d'insectes, en revanche on la voit au printemps grimper
en sautillant dessus et dessous les branches des arbres à fruits qu'elle ébourgeonne. Au reste sa peti-
tesse, la mauvaise qualité de sa chair, la sauvent des
poursuites du chasseur, et comme elle est indocile
et d'humeur très sauvage, les oiseleurs ne la recher-
chent que médiocrement.

Il ne m'a pas été possible de parler aussi brièvement du corbeau, je dois même en parler encore, parce que sous un point de vue il en a été dit trop de bien; je vais plus loin, ce bien qu'on en a dit a été là cause d'une confiance aveugle et désastreuse, et je frémis en pensant que le corbeau a été bien près d'être pour nous ce qu'était l'ibis pour les Egyptiens, c'est à dire un personnage vénérable et sacré. Ce que je dis là n'est point une plaisanterie, voyez! plusieurs de nos assemblées départementales n'ont-elles pas cru devoir le recommander à la triple vigilance des autorités militaires, administratives et judiciaires? Oui, Messieurs, les corbeaux sont aujourd'hui placés sous l'égide protectrice de la loi. Désormais ils peuvent s'abattre sur les semailles, s'y prélasser à leur aise, gratter la terre avec leurs ongles et y enfoncer le bec en toute sûreté, de par sentence préfectorale, en bonne et due forme, défense aux cultivateurs de *les poursuivre, de les attaquer et de les tuer*. Au nom des ornithophiles de sages législateurs nous enseignent que le corbeau ne cause aucun dommage dans les champs nouvellement *emblavés*, que les cultivateurs ont eu tort de l'accuser de suivre *l'aiguille* du blé quand elle commence à poindre et de manger le grain, qu'il se livrait à cette recherche uniquement dans le but de détruire les insectes et les vers enfouis dans le sol,

et qu'au lieu de les troubler il était important de les
laisser tranquillement vaquer à cette utile besogne.

De tels avis partis de si haut et souvent donnés
triomphaient insensiblement de l'incrédulité, et moi-
même j'étais à la veille de m'y laisser prendre. Il
m'était si doux de croire que je pourrais contempler
d'un œil tranquille des myriades de corneilles cou-
vrant comme un immense drap noir des terres toutes
fraîches semées! Cependant mes alarmes avaient été
si chaudes, qu'elles n'étaient pas entièrement re-
froidies, je conservais quelques soupçons. Bref, je
voulus en avoir le cœur net et m'enquérir par mes
yeux de la vérité du fait. Un jour donc que dans le
champ voisin, de corbeaux une nombreuse cohorte
becquetait et grattait à qui mieux mieux, je jugeai
à propos de leur adresser un avertissement sous
forme d'un de ces coups de fusil dont la détonation
annonce l'intention du tireur. Trois des leurs restèrent sur place, et sans prendre garde aux évolutions
et aux bruyantes réclamations de la cohorte sans
doute exaspérée de mon audace, je procède à l'enlè-
vement des cadavres. A cette vue, un effroyable cri
de rage et de dépit retentit du haut des airs, et je
dus croire que mon intention avait été devinée. De
retour au logis je me hâtai de pratiquer une large
ouverture sur les corps de mes trois victimes, à l'en-

Toutes deux observaient un silence absolu. Cependant la pie se frottait le bec avec les pattes, lissait de temps à autre ses plumes avec le bec, se gardant bien de faire entendre le moindro cri. J'étais loin de penser que sous ce calme apparent et cette tranquillité affectée, elle cachât et roulât dans sa tête de perfides desseins. Aussi mon étonnement fut-il grand, quand je vis cette bête scélérate se lancer comme un trait, au moment même où la poule se levait et faisait entendre les premiers accents de la délivrance ; se saisir de l'œuf frais pondu, le percer d'un coup de bec, le *humer* et lancer à terre sa coquille, fut l'affaire d'un instant.

Tant de patience pour attendre le moment favorable, tant d'habileté dans l'exécution d'un projet si longtemps prémédité me confondirent, j'étais stupéfait. Toutefois je ne regrettai pas mon temps, mais je maudis l'oiseau.

Et, sans remords, j'ajoute ce délit à la liste déjà si longue de ses mauvaises actions.

LE HÉRON.

———

J'ai lu dernièrement dans un des journaux de notre département, qu'un chasseur avait tué un *héron blanc*; ce récit trop court a pourtant ranimé ma mémoire.

Il y a ma foi vingt ans de cela, je revenais du petit bourg de *Soucelles*, après avoir fait la chasse aux sarcelles et aux pluviers. Chemin faisant, je rencontrai mon vieux curé; homme de grande taille et de robuste complexion, véritable philosophe chrétien. Il avait de l'expérience et du savoir, et sa conversation qui ne manquait pas d'un certain charme, tournait quelquefois à la garrulité.

Comme les miens, ses goûts étaient champêtres; que de fois il m'avait entretenu des beaux sites de l'Andalousie, pays où il avait été un peu forcé d'aller passer les mauvais jours de notre première révolution. (Les révolutions font toujours voyager, ceux-ci ou ceux-là, selon les temps).

Nous marchions côte à côte dans la direction d'une petite île. J'écoutais attentivement une description qu'il avait commencée, quand tout à coup il s'arrête, et dirigeant vers un ruisseau le long et gros bâton d'épine qu'il affectionnait : — Voyez-vous, me dit-il, là bas, un solitaire qui vous attend.

Je regarde, c'était un héron, immobile comme un terme, et faisant le guet sur le bord de l'eau.

J'étais, je peux le dire, un habile tireur, et comme tous les jeunes chasseurs, avide d'apporter au logis une rareté. Plus d'une fois je m'étais inutilement échiné à la poursuite d'un héron ; si c'eût été d'un *héron blanc*, je me le pardonnerais. Mais cette fois encore, il s'agissait tout bonnement d'un héron vulgaire et parfaitement gris. Cependant, je ne l'avais pas aperçu que je courais, et j'étais déjà loin, quand j'entendis ces paroles : — Si vous le blessez, prenez garde à vous !

Je ne me doutais pas qu'elles continssent un sage avertissement, et d'ailleurs le désir d'obtenir et la crainte de laisser échapper une si belle proie, m'absorbaient tout entier.

Un arbre se trouvait placé entre l'oiseau et moi, circonstance heureuse qui me permit d'approcher sans être aperçu. Sitôt que je touchai l'arbre, je me démasquai; et le héron, surpris, poussa un de ces cris rauques et mélancoliques, que je n'entends jamais sans éprouver un sentiment de tristesse et d'effroi.

Je ne dirai pas que je tuai le pauvre animal, on l'a peut-être deviné, mais il n'était pas encore mort, lorsque, dans ma sotte joie, je me précipitai pour le saisir.

Couché sur l'eau et les ailes étendues, il avait replié son long col entre ses épaules; à mon approche il le détendit comme un ressort, et me frappa de son bec dans l'angle de l'œil droit; le coup fut rude, et longtemps j'en ai porté la marque. Viser aux yeux d'un chasseur ce n'est pas trop bête pour un héron!

C'est un genre d'attaque et de défense qui lui est propre, et j'ai su depuis qu'il manque rarement d'en faire usage. Je l'ignorais alors, et comme on vient de le voir, il s'en fallut peu que je ne payasse chèrement mon inexpérience.

Dans quelque situation qu'on l'examine, soit à terre, soit en l'air, qu'il marche ou qu'il vole, le héron est sans grâce et n'a rien d'aimable.

Bien souvent je l'ai observé, sans prévention et

2

dégagé de tout sentiment de rancune. Je lui ai toujours trouvé l'air d'un triste rêveur, ou d'un grand nigaud.

La Fontaine nous l'a dépeint comme un musard et un important. Je crois qu'il l'avait bien jugé.

LE CANARD.

———

Du héron au canard, il n'y a qu'un pas, je veux dire que là où l'on voit l'un, il est rare qu'on n'aperçoive pas l'autre. Tous les deux fréquentent les mêmes lieux, mais dans leurs habitudes quelle différence !

Celui-là vit solitaire, celui-ci au contraire aime les raouts monstres et bruyants. Qui n'a pas vu ces innombrables bandes de canards sauvages, au milieu de nos marais qu'ils sont venus habiter pendant l'hiver ; qui n'a pas assisté à leur départ quand le coup de feu du chasseur a retenti ! A ce moment, le bruit de leurs ailes imite, à s'y méprendre, le roulement précurseur d'un tremblement de terre.

Le canard, malgré son allure indolente et cet air niais qu'on est généralement convenu de lui trouver, le canard n'est point sot, c'est une bonne créature, et j'ai pour lui un fond d'amitié sans mélange. C'est mon oiseau de prédilection, je ne le cache pas.

Jamais je n'ai eu de graves reproches à lui adresser. Quelquefois il se permet de brouter des laitues, dérobe quelques fruits; mais qu'est-ce que ces peccadilles, comparées aux services nombreux qu'il nous rend? Intrépide mangeur de limaces, de limaçons et d'insectes de toute sorte, c'est le meilleur défenseur de nos semis et de nos plates-bandes en fleurs.

Que de fois cependant, je l'ai harcelé, tourmenté, tracassé, lorsque j'avais cet âge *où l'on est sans pitié*; et peut-être doit-il à un sentiment de juste repentir, le degré d'affection que je lui ai voué.

Le canard mange, boit, et digère presque en même temps. Il n'observe pas toujours la loi des convenances et de la propreté, mais sur son corps il est irréprochable. Quel beau plumage lisse et brillant! et comme il en a soin, avec quelle habileté il s'arrose par de larges gouttes d'eau qu'il fait sauter et rouler sur ses ailes à demi étendues, quelle grâce

et quelle onction, pour ainsi parler, dans les mouvements de son cou et de sa tête, quand il donne le
dernier coup à sa toilette!

Pour un cultivateur, le canard est un baromètre
vivant. La sécheresse a-t-elle été longue et brûlante?
observez; si de ses ailes il bat l'eau d'une mare à
coups redoublés, s'il se baigne et plonge souvent
avec une sorte de frénésie, ayez espoir! la pluie
n'est pas loin.

Enfin, il faut bien que cet oiseau ait un vrai mérite, et des qualités qui le distinguent, pour avoir inspiré deux de nos plus grands écrivains : Buffon et
Châteaubriant. On me permettra de citer quelques
fragments des descriptions de l'un et de l'autre de
ces observateurs de la nature; ce sont des tableaux
qu'on aime à revoir, et que les amateurs ne se las-
sent jamais d'admirer.

« Les anciens, dit Buffon, avaient exprimé par un
» mot particulier la voix des canards; et le silen-
» cieux Pythagore voulait qu'on les éloignât de l'ha-
» bitation où son sage devait s'absorber dans la mé-
» ditation. Mais pour tout homme, philosophe ou
» non, qui aime à la campagne ce qui en fait le plus
» grand charme, c'est-à-dire le mouvement, la vie,
» et le bruit de la nature, le chant des oiseaux, le
» cri des volailles, variés par le fréquent et bruyant

» *kankan* des canards, n'offensent point l'oreille, et
» ne font qu'animer, égayer davantage le séjour
» champêtre; c'est le clairon, c'est la trompette
» parmi les flûtes et les hautbois; c'est la musique
» du régiment rustique. »

Et Châteaubriant : — « Par un temps grisâtre
» d'automne, lorsque la bise souffle sur les champs,
» que les bois perdent leurs dernières feuilles, une
» troupe de canards sauvages tous rangés à la file,
» traverse en silence un ciel mélancolique. S'ils
» aperçoivent du haut des airs quelque manoir go-
» thique, environné d'étangs et de forêts, c'est là
» qu'ils se préparent à descendre; ils attendent la
» nuit et font des évolutions au-dessus des bois.
» Aussitôt que la vapeur du soir enveloppe la vallée,
» le cou tendu et l'aile sifflante, ils s'abattent tout à
» coup sur les eaux qui retentissent; un cri général
» suivi d'un profond silence, s'élève dans le marais.
» Guidés par une petite lumière, qui peut-être brille
» à l'étroite fenêtre d'une tour, les voyageurs s'ap-
» prochent des murs, à la faveur des roseaux et des
» ombres. Là battant des ailes et poussant des cris
» par intervalles, au milieu du murmure des vents
» et des pluies, ils saluent l'habitation de l'homme. »

Quel charme dans ces ravissantes descriptions
pour celui qui a observé! chaque phrase, chaque

expression, n'est-elle pas un tableau? et je ne sais s'il est possible de peindre avec plus de fidélité. — Voilà de ces coups de pinceau que les maîtres seuls savent donner.

Après ce qu'on vient de lire, je devrais me taire. Il me reste pourtant un mot que je veux dire.

L'amour de la femelle du canard pour sa couvée est extrême. Quand elle a pondu le nombre d'œufs qu'elle peut couver, elle se dépouille à grands coups de bec de son duvet, pour les couvrir, les réchauffer et activer l'éclosion.

Souvent j'ai vu de ces tendres mères sortir de leur nid le cou et la poitrine entièrement dénudés, mais la tête haute, et fières de traîner après elles un long chapelet de gentils cannetons.

Je quitte les habitants des lacs, des marais et des rivières pour revenir aux hôtes de nos bois.

LE PIGEON RAMIER.

Sait-on bien l'histoire de ce bel oiseau, le pigeon ramier, dont la partie antérieure du corps est colorée d'un rose tendre légèrement teinté de violet et qui porte un demi-collier d'argent? J'en doute.

Il ne faut pas avoir palpé longtemps le corps du pigeon ramier pour acquérir la preuve que les parties dont il se compose offrent un tout bien lié, fortement articulé, et dont les contours nets et précis forment un ensemble des plus gracieux. Je serais volontiers de l'avis de ce paysan qui me disait : *cet oiseau a vraiment bonne mine !*

Si la longueur de l'existence est proportionnelle à la vigueur de l'organisme, comme celle de la corneille, la vie du pigeon ramier doit être très longue, et son estomac, s'il faut en juger par ce que j'ai vu, est assurément doué d'une puissance digestive extraordinaire.

J'en tenais un dont j'avais brisé le fouet de l'aile; surpris du développement de son jabot, je le pressai assez fortement pour que l'animal ouvrît le bec et rendît un gland entier, puis deux, puis trois, j'en comptai jusqu'à six.

J'avais bien lu dans les ouvrages des naturalistes que le ramier se nourrissait de glands, mais il ne m'était pas venu dans la pensée qu'il les avalait entiers, et surtout que son estomac pût en supporter et en digérer un aussi grand nombre à la fois. Ceci peut paraître une exagération ; non, je suis narrateur fidèle et scrupuleux.

Au temps des amours on le voit souvent perché sur le sommet d'un grand arbre, de là il s'élève perpendiculairement dans l'air qu'il frappe avec bruit; parvenu à une hauteur qui n'est jamais bien grande, il étend ses ailes et redescend en décrivant d'élégantes spirales au lieu d'où il est parti et se met à roucouler. Il répète coup sur coup cet exercice, qui paraît être un jeu pour lui et vraisemblablement aussi pour sa femelle, dont il partage les soins et les ennuis de la maternité.

Il s'éloigne peu d'elle, et lui prodigue les marques d'un attachement infiniment plus sincère que celui de notre pigeon domestique, qu'on a voulu, certainement à tort, représenter comme un modèle de constance et de fidélité conjugale. Quant à moi j'ose affirmer que ce dernier est un coureur éhonté, car plus d'une fois, et dans le même jour, *horresco referens*, je l'ai surpris en flagrant délit de bigamie.

Parmi les oiseaux émigrants qui viennent le plus tardivement habiter nos climats, la jolie tourterelle grise se rapproche beaucoup du ramier, presque même vol et même chant, mais d'un naturel plus doux et moins sauvage, elle se soumet plus facilement aux privations de l'esclavage et de la domesticité.

Et pourtant le pigeon ramier, lors même qu'il vit en liberté, ne s'effraye pas toujours de notre approche, loin de là. Nous avons sous les yeux, un exemple constant, des rapports de familiarité qui se sont établis, depuis longtemps, entre l'homme et lui. Quel Parisien n'a eu fréquemment l'occasion d'observer les pigeons ramiers, qui ont élu domicile sous les combles des vastes et beaux édifices, situés autour des jardins du Luxembourg et des Tuileries?

Dans les jours du printemps et de l'été, lorsque ces jardins se remplissent de promeneurs, des volées de pigeons descendent du faîte des maisons, du sommet des marronniers sur les gazons. Ils vont, viennent, s'ébattent sur la pelouse au milieu de la foule. C'est plaisir de les regarder quand ils traversent les plates-bandes ; les brillantes couleurs de leur plumage se confondent et se marient si bien à celles des plantes, que l'œil s'y trompe, et croit aisément voir des fleurs animées.

Chacun se plaît à leur jeter des petits morceaux de pain qu'ils ramassent et prennent parfois jusque dans la main, sans trop d'hésitation. Leur confiance va plus loin encore ; ils se perchent sur les barreaux des chaises et presque sur l'épaule des personnes qui s'y reposent.

Il n'y a pas d'être si sauvage que l'on n'apprivoise par des marques réitérées de bienveillance. Rien ne résiste aux charmes d'une affection sincère, elle soumet tout à son empire.

LE PIC VERT.

Si vous pénétrez dans un taillis garni de grands chênes, et mieux encore dans une futaie, et que vous prêtiez une oreille attentive, vous entendrez bientôt, soyez en sûr, de petits coups secs, frappés en cadence et par intervalles très rapprochés. Marchez vers ce bruit et vous découvrirez son auteur. Vous verrez un pic vert faisant usage de sa tête comme d'un marteau. Rustique dans toute l'acception du mot, le pic ne se contente pas de hanter les bois, il passe son existence presque entière sur l'écorce des arbres.

La nature l'a doué d'une organisation exception-

nelle et digne d'exciter la curiosité. Je ne sais pourquoi Buffon, toujours si exact et surtout si pittores-
que dans ses descriptions, passe sous silence des
détails intéressants sur les habitudes de cet oiseau.
Ses divers cris semblent l'avoir frappé plus que tout
le reste. D'abord c'est son cri d'amour qui ressemble
en quelque manière à un éclat de rire bruyant et
continu : *tio, tio, tio, tio, tio*, répété jusqu'à trente
et quarante fois de suite; puis son chant plaintif et
traîné : *plieu, plieu, plieu*, qu'on entend de très loin
et par lequel on croit vulgairement qu'il annonce la
pluie.

Il nous dit bien l'usage qu'il sait faire de sa longue
langue, mais il ne nous la fait pas voir dans son admirable et singulière construction.

Cette langue, longue de 20 centimètres au moins,
ressemble à une broche mince, affilée, arrondie,
pointue et rétractile à la volonté de l'oiseau. Lorsqu'il l'a plongée dans une fourmilière, il la retire en
la faisant rentrer dans un étroit fourreau dilatable à
sa volonté et situé au-dessous du gosier, ce qui lui
permet ainsi d'avaler les insectes dont elle est char-
gée, sans craindre qu'ils pénètrent dans cette espèce
de gaîne. Sa queue n'est pas moins curieuse que sa
langue. Composée de plumes aiguës, élastiques et
fermes jusqu'à leur extrémité, c'est sur elle qu'il se

repose et s'appuie lorsqu'il travaille contre un arbre à déloger les insectes.

La femelle fait son nid et dépose ses œufs au fond d'un trou profond, d'où elle fait entendre, si vous en approchez, un sifflement de reptile qui a bien souvent effrayé plus d'un dénicheur.

Jusqu'à ce jour je n'ai pu pénétrer les causes d'antipathie et de haine qui semblent exister entre le pic vert et la pie. Toujours est-il qu'ils se rencontrent rarement sans avoir une affaire. Il est vrai que cette dernière (j'avais oublié de le dire) est taquine et querelleuse, et le pic n'est peut-être pas endurant.

LE CHAT-HUANT.

Mais que vois-je sur le bord de ce trou de pic vert percé dans un vieux châtaignier? c'est la triste figure d'un hibou, immobile et silencieux. Quel sang-froid dédaigneux il oppose aux criailleries de tout un petit peuple ameuté contre lui; quels grands yeux fixes, et comme il meut sa grosse tête! on dirait qu'elle se sépare de son corps dans le mouvement alternatif de droite à gauche qu'il lui imprime. Le bruit qui se fait autour de lui ne le préoccupe même pas, toute son attention semble se concentrer sur un événement qui se passerait au loin. Ah! le voilà qui descend au fond de sa caverne, les cris cessent. Il reparaît, les cris redoublent; et cette fois les pies, les geais et les corneilles viennent grossir la cohorte des assaillants; c'est un charivari dans toutes les règles.

Cependant il n'y tient plus, son flegme l'abandonne, l'impatience ou la honte l'emporte, il disparaît et ne revient plus. Il s'est définitivement retiré dans son obscure retraite, sans doute pour méditer une vengeance ou des attaques nocturnes.

Je crois depuis longtemps que le crâne d'un chathuant devrait figurer au premier rang dans les collections des disciples de Gall. Si le système de ce physiologiste est vrai, l'on doit infailliblement rencontrer sur ce crâne volumineux les protubérances fortement accentuées de la prévoyance et de la dissimulation.

J'ignore si le chat-huant surprend traîtreusement pendant la nuit les oiseaux dans leur sommeil, la haine qu'il leur inspire me le ferait supposer. J'ai vu du reste plusieurs fois de jeunes hibous avaler les cadavres de deux ou trois petits moineaux avec la même aisance que s'ils eussent gobé des fraises.

Sa voix triste et lugubre m'a souvent troublé dans mon enfance, et je ne puis encore l'entendre sans éprouver une certaine émotion. Cependant cet oiseau ne doit pas être l'objet d'une répugnance absolue, il mérite notre reconnaissance vu la guerre habile et meurtrière que lui seul peut faire, durant l'obscurité des nuits, aux animaux dévastateurs.

A certaines époques, dans les pays de vastes plaines dépourvues de ces vieux et grands arbres qui servent de retraites aux hibous, on voit d'innombrables bandes de rats, de souris et de mulots sillonner les campagnes. Avertis par quelques éclaireurs, les chats-huants quittent alors les forêts lointaines. Sont-ils arrivés, qu'ils attaquent, tuent, mangent et dispersent ces armées de rongeurs, et les récoltes sont ainsi préservées de leurs plus redoutables ennemis.

L'EFFRAIE OU LA FRESAIE.

L'effraie, vulgairement appelée la fresaie, a de nombreux rapports avec le chat-huant. Celui-ci vit en ermite au fond des bois, celle-là vit en religieuse au milieu des villes, même les plus populeuses, dans les clochers, les tours des églises et des vieux monastères.

L'aspect et le nom de la fresaie ont acquis depuis longtemps le fâcheux privilége d'éveiller, chez un grand nombre de personnes, des sentiments de tristesse et d'inquiète curiosité. A les voir, à les entendre, quand elles racontent ces histoires que la crédulité toujours avide et superstitieuse a répandues dans presque tous les pays, on dirait que cet oiseau a été fatalement marqué pour être l'avant-coureur de sinistres présages.

Cependant, si exempt qu'on puisse être de tout espèce de préjugés, il est impossible de ne pas reconnaître que les mœurs de la fresaie lui donnent une sorte d'odeur de cloître, un certain air de mysticité.

Qui en effet n'a pas été frappé de son vol silencieux, de ses deux grands yeux placés au milieu d'un cercle de plumes semblables aux bords d'une coiffe, et surtout de ses cris plaintifs et prolongés?

A l'arrivée du crépuscule les effraies quittent leurs obscurs réduits; elles sont si légères qu'elles semblent glisser sur l'air quand elles volent, et sans que le moindre bruit annonce leur présence, elles apparaissent tout à coup aux fenêtres des appartements où brille une faible lumière, et comme presque toujours les chambres des malades sont éclairées durant la nuit, il est rare que quelque fresaie du voisinage ne vienne attrister, par le frôlement de ses ailes contre les vitres et par sa voix lugubre, les personnes assises au chevet du mourant.

Dans ces moment solennels et de secrète terreur, quand l'esprit, même le plus ferme, ne peut se soustraire à l'émotion, l'imagination est prompte à s'emparer du fait le plus simple et le plus innocent, elle

le dénature et lui donne une explication conforme
aux pressentiments qui l'agitent ; ainsi prennent naissance tous ces récits mystérieux, toutes ces histoires
de revenants, de sorciers dont on berce l'enfance,
qu'on aime à raconter au coin du feu pendant les
soirées d'hiver, et dont *l'oiseau de la nuit* est souvent le triste héros.

J'ai longtemps habité une vieille maison de campagne, jadis la demeure d'un riche abbé ; un immense grenier régnait sur toute son étendue. Quelques effraies, attirées sans doute par la multitude des
rats, des souris et des belettes dont il était infesté,
y étaient entrées sans que personne y prît garde.
Pendant la nuit des bruits étranges jetaient l'alarme
dans le cœur des habitants. Si quelqu'un, plus
brave ou moins poltron que les autres, s'aventurait
pour en découvrir la cause et appliquait son oreille
contre la porte du grenier, il en revenait bientôt
pâle et tremblant. Ah ! quelles plaintes et quels
lugubres gémissements j'ai entendus ! je crois encore
les entendre ; puis dissimulant sa couardise sous
l'apparence d'une crainte justement motivée, il op-
posait le silence aux plaisanteries, cherchait à vous
en imposer par un air de mystère et de dédain,
plutôt que de tenter une nouvelle épreuve.

Un jour, je ne me souviens pas pour quels motifs,

je pénétrai dans ce vaste repaire ; j'y étais à peine entré que je vis à mes pieds les cadavres de deux fresaies à demi dévorés. Les rats et les belettes s'étaient sans doute vengés de leurs ennemis, et nous avaient ainsi délivrés de ce vacarme nocturne, devenu depuis longtemps le sujet des entretiens de toutes les commères du village.

Les effraies ont un joli plumage, composé d'un épais duvet, d'un fond jaune et mêlé de gris, couvert d'une multitude de taches blanches, imitant de petites perles. Elles ne méritent point le triste honneur qu'une aveugle superstition leur a si injustement décerné. Elles s'apprivoisent facilement, et malgré leur humeur mélancolique, elles ont de temps à autre des accès de folle gaîté.

L'ALOUETTE.

———

L'alouette est un de nos oiseaux les plus aimables; ses mœurs sont si douces, et elle chante si bien, qu'il faut lui pardonner les petits dégâts qu'elle cause dans nos blés, au moment de la germination.

Son plumage est gris foncé, entièrement gris, parsemé de petites taches noires. Lorsqu'on est près d'elle, elle se tapit contre la terre, dont la couleur se confond avec la sienne; c'est la ruse qu'elle emploie pour se soustraire aux regards du chasseur. Les ornithophiles ne l'ont point oubliée, et cette fois je me joins à eux pour la recommander à la bienveillance, et la soustraire aux engins des oiseleurs. Mais hélas! les pâtés d'alouettes ont une réputation sécu-

2*

laire et justement méritée. Que diraient les gourmets
s'ils étaient menacés de perdre un des plus beaux
fleurons de leur couronne gastronomique. Y pensez-
vous! ce mets une fois défendu n'en serait que plus
friand, et alors, malgré la défense, quelle épouvan-
table déconfiture de ces pauvres oiseaux; et il faut
le dire aussi, l'on n'interdirait pas impunément d'une
manière absolue la chasse aux alouettes.

Cependant, je le sais, comme elles passent la nuit
couchées sur le sol, à la belle étoile, les hivers rigoureux en détruisent une grande quantité, et l'oiseau de proie ne les épargne pas.

J'ai ouï parler d'un nombre immense de mau-
viettes pris sous l'épaisse couche de givre qui couvrit
la terre dans les derniers jours de l'hiver 1854. C'é-
tait, dit le narrateur, par milliers qu'on les voyait
voleter sous la couche de glace qui les tenait empri-
sonnées.

Aussitôt que le froid se fait sentir, ordinairement
vers la fin du mois d'octobre, les alouettes se rassemblent par bandes plus ou moins nombreuses, et
se répandent dans les champs, pour y chercher le
grain nouvellement enfoui. A l'aide de leur bec et
de leurs pattes, elles le déterrent, brisent et mangent l'aiguille quand elle vient à paraître.

Si quelque bruit, ou la vue d'un passant, d'un

oiseau de proie les inquiète, elles partent toutes à la fois, s'élèvent souvent assez haut, décrivent de longs et nombreux circuits, s'abattent tout à coup vers la terre qu'elles rasent en serpentant, se relèvent et recommencent plusieurs fois les mêmes évolutions, s'abattant de nouveau, et ne se posant définitivement que si leur inquiétude est calmée.

On l'habitue facilement à la captivité; elle est très recherchée des amateurs; les Anglais surtout, qui ne se passionnent point à demi, lui donnent la préférence sur tous les autres oiseaux imitateurs; et dans quelques-unes de nos villes du midi, on voit aux fenêtres et aux portes de presque toutes les maisons, des alouettes en cage. Elles chantent et sifflent le long du jour; car l'alouette est douée d'une grande mémoire, et ne tarde pas à répéter toute sorte de petits airs qu'elle semble écouter et apprendre avec plaisir.

On trouve l'alouette en tous lieux, cependant elle préfère les plaines, c'est là surtout qu'on lui tend toute sorte de piéges; fusils, collets, filets, gluaux, miroirs, sont mis en usage pour l'attraper; nous nous sommes créé un arsenal de toutes pièces contre ce faible oiseau, et toute chasse est insignifiante si elle ne rapporte plusieurs centaines de victimes.

Elle niche dans les prairies et les blés en herbe, reste

presque toujours à terre, et se perche très rarement.

Il y a plusieurs espèces d'alouettes : la grosse, l'alouette huppée, se rencontre souvent pendant l'hiver sur les places, au milieu des villes; on la voit communément le long des grandes routes, où elle vient chercher les grenailles dans la fiente des bestiaux. Elle attire l'attention des voyageurs par la rapidité de sa marche. Son chant fort court est cependant assez expressif. Son plumage est d'un gris moins foncé et couleur de poussière; elle ne se réunit point en troupes, fait son nid à terre, et toutes ses habitudes sont généralement semblables à celles des autres espèces. L'alouette dite *pipi* mérite d'être mentionnée; c'est la plus petite de toutes, son vol a beaucoup de rapport avec celui de l'alouette des champs; il est toutefois beaucoup moins élevé, et comme elle perche, c'est presque toujours du haut d'un grand arbre qu'elle prend son essor pour monter en l'air ; c'est aussi en chantant qu'elle s'élève et descend à l'endroit d'où elle est partie. Je crois que cette espèce émigre et nous quitte avec les beaux jours.

Tous ces oiseaux se nourrissent de grenailles, de la pointe de quelques herbes et d'insectes; ils nous font peu de dommages. Malheureusement pour eux ils ont la chair fort délicate, et l'homme ne respecte

rien quand il s'agit de la satisfaction de ses goûts et
de ses penchants.

Elle ne chante qu'au retour de la belle saison, et
comme nous ne sentons bien les choses que par leur
contraste, nous n'apprécions jamais mieux une belle
matinée de printemps chantée par les alouettes, qu'à
l'aspect de la nature silencieuse et attristée.

Quand le soir, au cœur de l'hiver, nous venons auprès de l'âtre, réchauffer nos membres engourdis par
la froidure, alors nous rêvons au passé, nous aimons
à évoquer le souvenir de ces jours, où le soleil s'est
levé radieux, où chaque gouttelette de rosée, flottant
sur la tige des herbes, étincelle des plus vives couleurs. Du sein des campagnes rajeunies, où l'imagination nous transporte, il nous semble entendre
l'alouette, nous la voyons monter perpendiculairement et par reprises vers le ciel, en filant sa chan-
son; déjà nous l'avons perdue de vue que nous l'entendons encore pendant longtemps; elle reparaît, se
tait, plie ses ailes et tombe vers la terre comme une
pierre, ou descend lentement, toujours en chantant
et en décrivant dans sa route les contours d'une
longue spirale.

Mais les voilà! Elles sont revenues les riantes jour-
nées :

« *Solvitur acris hiems gratâ vice veris et favoni,*

tout renaît, les prés, les champs et les arbres sont verts. Il faut aller entendre, voir et admirer.

Le disque du soleil n'a pas encore franchi les bords de l'horizon, que déjà les exécutants sont à leurs postes, pour célébrer l'hymne du jour.

J'écoute, c'est mon petit ermite, le bérichon, qui commence; l'alouette du haut des airs, le merle et la grive répondent du fond des bois; bientôt des accents divers s'élèvent de toutes parts, dominés par la voix éclatante du rossignol, arrivé depuis peu avec son compagnon le coucou. Remarquez comme ce dernier maintient la mesure, en jetant son nom par intervalles égaux, dans ce vaste concert. C'est le chef d'orchestre.

Amateurs insatiables de mélodie, auditeurs privilégiés du conservatoire de musique de Paris, qui entendez exécuter, comme on ne les exécute nulle part, les chefs-d'œuvre du grand symphoniste Beethowen, je vous le dis sans vergogne, le moment est venu où je n'envie plus votre bonheur.

LE GEAI.

———

Je reviens à mes oiseaux, et ce n'est pas sans plaisir. Au reste, je ne suis pas le seul qu'ils intéressent, je vois même qu'ils ont été dans tous les temps un sujet d'admiration et de convoitise.

Que de savantes études! que d'essais périlleux, dans le désir de s'approprier l'ingénieux mécanisme de leurs ailes! Inutiles tentatives! l'homme, malgré ses efforts, n'a pu détrôner les oiseaux, et je lui prédis qu'en dépit de son génie, les oiseaux resteront les élus de ce monde, *les rois de la nature*. Dieu l'a voulu!

Cela dit à leur gloire et à notre confusion, j'arrive à l'histoire de cet oiseau original, dont les ailes sont à demi couvertes de jolies plumes, qu'on dirait être d'émail bleu, et que nous avons tous élevé, dans notre enfance, en lui faisant avaler force cerises, et du lait caillé. — Qui ne connaît pas le geai, *dit ricard* par le peuple angevin?

Avec sa double moustache noire, son œil bleu clair et toujours fort éveillé, le geai a l'air essentiellement goguenard.

Il est brusque, impétueux, colère, et traduit ses impressions en faisant rebrousser fréquemment les plumes de sa tête, mais le trait dominant de son caractère est la curiosité. Instinct funeste! souvent la cause de son malheur.

Son chant est une sorte de langage; imitateur par excellence, il se plaît à exciter la surprise, en contrefaisant le cri de certains animaux, et surtout le miaulement du chat.

Au printemps, il ne célèbre point son mariage comme les autres oiseaux, par des accents de joie et de bonheur. Sa voix plaintive semble exprimer le désespoir d'un amant malheureux. A cette époque, la vie parait être pour lui, non seulement sans charmes, mais un véritable martyre.... *Que de maux, que de maux! les reins, les reins!* s'écrie-t-il d'une voix dolente et à chaque instant, comme s'il était accablé de douleurs.

Et cependant toujours vif et gai malgré ses plaintes, on est tenté de le prendre pour un mauvais plaisant.

J'ai dit que cet oiseau était colère, plus d'une fois il m'en a donné la preuve, et je veux raconter sans blâme ni louange, un de ces accès, qui font époque dans la mémoire d'un chasseur.

Vers la fin du mois de septembre, deux jeunes amis vinrent me demander la permission de faire une *pipée*, dans un petit bois situé près de mon habitation. J'y consentis d'autant plus volontiers, que c'était aussi pour moi une partie de plaisir.

Nous travaillâmes tout le jour avec ardeur, à la construction des allées, des *pliettes*, de la *logette* et *l'arbrot*, et tout fut prêt à point. Nous entrions sous la cabane que le soleil devait encore rester plus de trois quarts d'heure sur l'horizon.

Aux premiers coups d'appeau, un geai répond par un de ces cris secs et stridents que tout le monde connaît, et bientôt arrivant avec son impétuosité habituelle, il s'engage étourdiment entre deux gluaux; pris par les ailes, il roule à terre du haut de l'arbrot, en jetant des cris de détresse et de désespoir.

L'un de nous s'en empare, tout joyeux de cette importante capture (le geai est le meilleur des appeaux). Aussitôt de commencer à l'agacer pour le faire crier; le pauvre animal joua si bien son rôle, que ses pareils et autres arrivèrent en foule. La chasse était fructueuse, mais les chasseurs sont-ils jamais contents? Aussi malgré notre succès, voulions nous encore plus.

La malheureuse bête était épuisée et semblait succomber sous les tracasseries de toutes sortes qu'on lui faisait subir, il n'était plus possible d'en rien tirer, elle était rendue, et nous allions partir, quand l'un de nous s'écria : Passez-moi le *ricard!* Il faut qu'il chante encore avant notre départ, et nous fasse prendre quelques merles, — puis l'enlevant des mains de son ami, il s'approche pour l'examiner; mais le geai qui sans doute méditait une vengeance, ne se voit pas plutôt à portée, qu'il saisit son homme par le nez et les lèvres, avec son bec et ses pattes, et cette fois ce n'était plus l'oiseau qui criait.

La scène avait son côté plaisant, cependant il était temps de secourir le malheureux griffé, son état devenait alarmant.

Le ricard s'était comme crispé, et pâmé de colère sur le nez de sa victime, et il ne fallut pas moins que la lame d'un couteau, passée entre les deux parties de son bec, pour lui faire lâcher prise, et sans cette opération, je ne doute pas qu'il eût fini par emporter la pièce.

La lèvre avait été perforée par les ongles, et le nez portait une longue et sanglante marque en forme de V.

Le geai et la pie ne s'aiment pas, et font exception au proverbe *qui se ressemble s'assemble.* Tous les deux sont voleurs, je le crois, je n'oserais cependant l'affirmer; mais le regard furtif et l'air malin du ricard, m'ont toujours donné beaucoup à penser.

LA PERDRIX.

———

Sur la limite orientale de ma commune, au fond d'une petite vallée dominée par des collines d'un aspect sauvage et presque entièrement tapissées de bruyères, le vénérable pasteur dont j'ai déjà eu l'occasion de parler, avait fait construire une maisonnette, qu'il baptisa du nom d'ermitage.

Au bout d'une longue allée qui commençait à quelques pas, et en face de cette modeste habitation, il fit creuser un vaste bassin, destiné à recevoir des eaux qui, faute d'un écoulement facile, formaient un marécage. Ce travail, d'une certaine importance, fut l'œuvre d'un seul journalier.

Il fallut, comme on le pense, du temps et de la patience pour l'achever, et d'ailleurs la bourse du propriétaire était petite, et s'épuisait plus promptement qu'elle ne se remplissait ; enfin il fut terminé, et quelques années s'étaient à peine écoulées, que les curieux et les amis s'extasiaient à la vue d'un spectacle qui n'était pas sans attraits.

Au son d'une clochette on voyait arriver au milieu des eaux calmes et transparentes, un magnifique troupeau de carpes, aux écailles étincelantes. Assis près du bord, leur meilleur ami les attendait, ayant près de lui une abondante provision de petits morceaux de pain blanc qu'il aimait à leur distribuer. A son air admiratif et satisfait, il était facile de voir que ces admirables poissons faisaient son orgueil et sa joie, et que cette distribution de vivres était pour lui récréation toujours nouvelle.

Pendant les trop courts séjours qu'il faisait à son ermitage, il se plaisait encore à passer les premières et les dernières heures du jour sur un petit promenoir qu'il avait pratiqué au flanc de la colline; de là il contemplait dans le silence et le recueillement, le spectacle varié d'un immense horizon; peut-être sentait-il que le plaisir de la contemplation des beautés de la nature, était le plus sincère hommage que l'homme pût adresser à Dieu, dont il était le digne ministre.

Plusieurs fois j'ai revu ces lieux depuis qu'il les a

quittés pour n'y plus revenir, ses utiles travaux ne sont point effacés, et sa mémoire y vivra longtemps encore.

Par un beau froid du mois de décembre, je m'étais dirigé vers cette contrée pour y chasser des bécassines. Au moment où je traversais le chemin qui longe cette ancienne habitation d'un sage, le nouveau propriétaire me fit accueil et me pria d'entrer; j'acceptai, d'abord en raison de la cordialité de l'invitation, et ensuite parce que je sentais le besoin de prendre, comme on dit, l'air du feu.

La table était dressée, le couvert était mis, et j'assistai au repas de la famille, qui se composait de six convives, y compris deux charmantes perdrix grises, le mâle et la femelle. Celles-ci avaient pris place sur la table qu'elles parcouraient en tous les sens, allant, venant de l'un à l'autre, mangeant ce qu'on leur offrait, quelquefois ce qu'on ne leur offrait pas, recevant les caresses de chacun, et témoignant leur satisfaction par un léger gloussement.

La mère ou l'un des enfants se levaient-ils; aussitôt elles volaient sur ses pas, et revenaient avec eux reprendre leur poste.

Ce petit manége, cette rare familiarité me charmaient; j'interrogeai mes hôtes sur ces deux aimables oiseaux.

Nous les avons, dit-il, apportées au logis, dès les premiers jours de leur naissance, voilà bientôt trois ans qu'elles habitent avec nous; elles nous accompagnent partout, se promènent, mangent et dorment avec nous, elles font partie intégrante de la famille. — Est-ce qu'elles ne vous ont pas donné des descendants? demandai-je aussitôt avec une secrète intention. — Eh mon Dieu non! Le mâle, bien que d'un caractère fort doux, a toujours brisé les œufs de la couveuse. — Quel dommage! et vous ignorez les motifs d'une conduite si contraire au vœu de la nature. — Nous ne pouvons l'expliquer.

De retour chez moi, je ne tardai pas à trouver l'explication que j'avais inutilement demandée. Ce fut Buffon qui me la donna, avec cette finesse et cette sûreté de tact qui le distinguent.

Voici cette description du caractère de la perdrix, elle m'a paru d'une vérité irréprochable et digne de son auteur, on ne la relira pas sans plaisir :

« La société de la perdrix apprivoisée avec l'homme
» qui sait s'en faire obéir, est du genre le plus in-
» téressant et le plus noble: elle n'est fondée ni sur
» le besoin, ni sur l'intérêt, ni sur une douceur stu-
» pide, mais sur la sympathie, le goût réciproque,
» le choix volontaire; il faut même pour bien réus-
» sir, qu'elle soit absolument volontaire et libre. La

» perdrix ne s'attache à l'homme et ne se soumet à
» ses volontés, qu'autant que l'homme lui laisse per-
» pétuellement le pouvoir de le quitter, et lorsqu'on
» veux lui imposer une loi trop dure, une contrainte
» au-delà de ce qu'exige toute société, en un mot
» lorsqu'on veut la réduire à l'esclavage domestique,
» son naturel si doux se révolte, et le regret profond
» de la liberté perdue, étouffe en elle les plus forts
» penchants de la nature, celui de se conserver. On
» l'a vue souvent se tourmenter dans la prison, jus-
» qu'à se casser la tête et mourir; celui de se re-
» produire, elle y montre une répugnance invinci-
» ble : et si quelquefois on la voit cédant à l'ardeur
» du tempérament et à l'influence de la saison,
» s'accoupler et pondre en cage, jamais on ne l'a
» vue s'occuper efficacement, dans la volière la plus
» commode et la plus spacieuse, *à perpétuer une*
» *race esclave.* »

Oui, voilà les nobles qualités de ce joli oiseau,
que l'homme semble avoir choisi comme l'objet
principal de ses barbares plaisirs, et qu'il devrait
prendre plus souvent pour modèle.

LE CHARDONNERET.

—

Le chardonneret est un de nos plus charmants oiseaux. La gaîté de son chant, la variété, l'éclat et la vivacité des couleurs de son plumage, la distinction de ses formes et la gentillesse de ses mouvements, tout nous plaît en lui.

On dirait qu'il a le sentiment et le goût des jolies choses, et qu'il sait faire un choix parmi les arbustes sur lesquels il vient se percher.

Souvent c'est au milieu des fleurs les plus gracieuses, sur les branches d'un rosier qu'il bâtit son nid, ce modèle d'architecture élégante et confortable.

Il se plie avec docilité aux divers caprices de son maître, qui pousse la cruauté jusqu'à se réjouir de

lui faire acheter par un véritable supplice là satisfaction de ses besoins les plus impérieux.

N'est-ce pas un spectacle à la fois curieux et triste
de voir ce faible oiseau tirer, comme un galérien, à
l'aide de son bec et de ses pattes, la chaîne dont
chaque extrémité porte le petit seau qui contient
son boire et son manger. Mais ce n'est pas toujours
en vain que l'on abuse ainsi de sa patience et de sa
résignation. Ne trouvant plus alors dans son esclavage qu'une source inépuisable d'amertume, le chagrin ne tarde pas à le consumer, et bientôt il suc-
combe accablé sous le poids d'une vie devenue
désormais insupportable.

Les mœurs et les habitudes de cet oiseau sont
fort connues, je n'en parlerai pas. J'ajouterai seulement quelques mots pour terminer sa courte histoire.

La douceur paraît être le fond de son caractère,
et la reconnaissance, cette noble qualité du cœur
d'autant plus précieuse qu'elle devient plus rare, ne
lui est point étrangère. Il paye par une soumission
presque absolue la tendresse et les soins qu'on lui prodigue, et quoique d'un naturel indépendant, comme
tous les êtres destinés à vivre dans l'espace, il va
jusqu'à chérir la cage où il a longtemps vécu. Lais-
sez-le libre d'en sortir, vous l'y verrez souvent ren-

trer, et même quelquefois il y viendra mourir, pour
vous voir une dernière fois, et comme pour vous dire
que la mort est moins amère là où l'on sait qu'on est
aimé et qu'on doit y être un sujet d'agréables souvenirs.

· LE CYGNE.

———

Les personnes qui ont habité la campagne sans
interruption pendant quelques années, savent que
chaque saison est marquée par l'arrivée ou le départ
d'oiseaux de différentes espèces. L'hiver nous amène
les oies, les canards, les pluviers, les bécasses, et
si les étangs et les rivières restent longtemps glacés,
alors les beaux habitants de la Scandinavie, les
cygnes, aussi blancs que la neige, viennent par
troupes nombreuses visiter nos climats; mais aussitôt que la température se radoucit, ils nous quittent
pour retourner vers les lieux où ils sont nés.

Durant le rigoureux hiver de 1829, dont j'ai déjà
eu l'occasion de parler, on rencontrait fréquemment
un grand nombre de ces oiseaux; ils stationnaient

sur les bords et sur la glace des lacs et des rivières.
La couche épaisse de neige dont la terre resta longtemps couverte ne leur permettant pas de trouver la
moindre nourriture, ils semblaient exténués de besoin; enfin le dégel arriva, et je crois encore les voir
au moment du départ; leur vol était bas, lent et
lourd, ils jetaient par intervalle un cri sauvage et
de nature à renverser les illusions les mieux en-
racinées.

Depuis le jour où pour la première fois mes
oreilles ont été frappées par la voix du cygne, j'ai
mieux compris qu'il fallait, comme on a coutume
de le dire, beaucoup accorder aux poètes, et je n'entends jamais parler de son chant mélodieux sans
qu'aussitôt je me rappelle ces vers du bon Horace :

> ..... *Pictoribus atque poetis,*
> *Quid libet audendi semper fuit æqua potestas.*

Ce qui veut dire (en bonne traduction) que les pein-
tres et les poètes sont quelquefois de grands mystificateurs.

Plusieurs de ces voyageurs arrivés dans nos contrées ne devaient point revoir leur patrie, et ceux
que l'on fit prisonniers, après qu'ils eurent été légèrement blessés, embellirent de leur présence les
jardins et les parcs, où les eaux des bassins et des

ruisseaux leur permettaient de déployer l'élégance de leurs formes et la grâce de leurs mouvements.

J'en conviens donc et je dis avec Buffon : « Le » cygne plaît à tous les yeux, il décore, embellit » tous les lieux qu'il fréquente, on l'aime, on l'ap- » plaudit, on l'admire, nulle espèce ne le mérite » mieux, la nature n'a répandu sur aucune autant » de ces grâces nobles et douces qui nous rappel- » lent l'idée de ses plus charmants ouvrages. » Mais qu'on s'élève jusqu'au Parnasse pour célébrer les douceurs et la mélodie de son chant, c'est trop ; la licence poétique a aussi ses limites. Cependant comme je veux toujours être vrai, je dois dire que jamais je n'ai eu la douleur d'assister aux derniers moments *de ce chantre divin.*

Le cygne ne manque pas d'intelligence, il distingue bien le nom qu'on lui a donné et vient à la voix qui l'appelle. Il a des qualités ; cependant il n'est pas aussi doux qu'il en a l'air, et malgré sa robe éclatante d'innocence et de candeur, je m'en défie ; j'ai d'ailleurs un vilain tour à lui reprocher.

Il y a trois ou quatre ans j'accompagnais dans ses courses un de mes amis qui passait à Angers pour la première fois ; il me pria de le conduire à notre jardin botanique. Dès notre arrivée, j'aperçus un groupe d'amateurs en contemplation devant deux cygnes de grande taille et vraiment magnifiques. La curiosité nous poussa de ce côté, et bientôt j'éprouvai le désir de donner à ces nouveaux hôtes un gage de mon amitié; je leur offris un biscuit que je venais de me procurer. L'un des deux ne se fit pas prier; je devais compter sur sa reconnaissance. Quelle était mon erreur! il avait à peine avalé mon offrande qu'il m'appliqua sur la main un vigoureux coup de bec, et je vis bien qu'il avait agi traîtreusement; outré comme je devais l'être d'un tel acte d'ingratitude, je voulus le châtier, mais il prévit mon intention et s'esquiva; puis se retournant, allongeant le col et mettant le comble à sa noirceur, il me nargua, en me jetant un cri plein d'ironie, et joyeux, sans doute, de m'avoir si cruellement mystifié, il s'éloigna en affectant cet air dédaigneux et de majestueuse fierté qu'on lui connaît.

Assurément je ne suis pas rancunier, j'ai facilement excusé plus d'une injure, mais cette fois j'ai senti que le pardon serait de la faiblesse, et si d'aventure je puis l'admirer encore quand je le rencontre, mon admiration ne va pas jusqu'à triompher du sentiment d'amertume que sa conduite m'a inspiré, conduite sans excuse et doublement coupable. Je le dis avec peine, je n'aime plus cet oiseau, c'est un sournois.

L'OIE.

Après le cygne, je voudrais parler de l'oie, mais qu'en dire après ce qu'en a dit Buffon? Dans la description de cet oiseau il n'a rien oublié : mœurs, habitudes, physionomie, caractère, anecdote piquante, services rendus, et qui doivent en faire l'objet de nos soins et de notre reconnaissance; enfin sa démarche, et certaines de ses attitudes d'où est venu le proverbe : *niais et sot comme une oie*, tout a été passé en revue; le sujet est épuisé.

Refaire ce qui a été si bien fait serait une maladroite tentative. L'on m'excusera donc si je me tais et si j'invite à lire et même à relire le charmant article que ce grand peintre lui a consacré.

On y trouvera ce que je ne puis offrir, un tableau parfait, et ceux qui le connaissent déjà et ceux qui, ne le connaissant pas encore, voudront le voir, me sauront gré, j'en suis sûr, de ma résolution et de mes conseils.

L'HIRONDELLE DE CHEMINÉE.

—

J'ai vu l'hirondelle! l'hirondelle est arrivée! je l'ai entendue!... D'où viennent ces exclamations d'agréable surprise, répétées chaque année à l'apparition de l'hirondelle? Cet oiseau charme-t-il nos yeux et nos oreilles par la beauté de son plumage et la mélodie de son chant? ou faut-il attribuer l'intérêt qu'il nous inspire à certaines singularités de mœurs et d'habitudes? je ne puis le croire, et quiconque voudra l'observer avec soin, sera, je pense, de mon avis; il faut chercher ailleurs les raisons qui nous la rendent chère.

Ses formes sont grêles, anguleuses et presque disparates ; le bleu sombre de ses ailes et de son dos, le jaune roussâtre couleur de suie de sa gorge et de sa poitrine forment un contraste peu flatteur. Faite pour vivre en l'air, son agilité est extrême, mais dépourvue de grâce. Dans ses brusques et rapides allées et venues sur le bord des fossés, le long des rues et des chemins, elle passe, repasse cent et cent fois sur la même ligne. Son vol presque toujours en zig zag est coupé, haché, et devient fatiguant par sa constante irrégularité. Buffon, qu'on ne se lasse jamais de citer, analyse ce vol avec le bonheur d'expression qu'on lui connaît : « Elle semble, dit-il, » décrire au milieu des airs un dédale mobile et fu-» gitif, dont les routes se croisent, s'entrelacent, se » fuient, se rapprochent, se heurtent, se roulent, » montent, descendent, se perdent, et reparaissent » pour se croiser, se rebrouiller encore en mille » manières, et dont le plan trop compliqué pour être » représenté aux yeux par l'art du dessin, peut à » peine être indiqué à l'imagination par le pinceau » de la parole. »

Son gazouillement ne mérite point le nom de chant, on le comparerait plus volontiers à la monotonie d'un fastidieux bavardage, et s'il est convenu de s'extasier sur la merveilleuse adresse qu'elle dé-

ploie dans la construction ou plutôt l'édification de
son nid, sous ce rapport on peut affirmer qu'elle a
bien des rivaux ; le pinson, le chardonneret, le
loriot, les rousseroles, sont à coup sûr des archi-
tectes aussi ingénieux qu'elle. Non ! l'hirondelle n'a
vraiment aucune de ces qualités distinctives qui l'é-
lève à un rang distingué parmi les êtres de la gent
volatile.

Cependant nous aimons tous l'hirondelle, jeunes
gens et vieillards en parlent avec une sorte d'attendrissement, tous nous attendons impatiemment son
retour, et nous la voyons partir avec regret. Durant
son séjour parmi nous elle ne distingue point le palais de la chaumière, toute habitation de l'homme
devient sa demeure.

L'hirondelle c'est le printemps, la saison des fleurs
et des amours, l'espérance, le doux souvenir, l'indépendance et la liberté. C'est l'oiseau du prisonnier, l'oiseau du sentiment, nous la regardons avec
les yeux de l'esprit et du cœur. Voilà, je le crois, l'explication du prestige qu'elle exerce sur nous.

Au déclin des beaux jours, quand elles vont partir,
nous aimons à contempler les nombreuses volées de
jeunes hirondelles, préludant, par des exercices plusieurs fois répétés dans la même journée, à la fatigue du long voyage qu'elles vont entreprendre.

Attentives au signal donné par leurs parents, toutes s'éloignent et reviennent à la fois ; puis elles se reposent comme une décoration autour des corniches, sur le faîte des maisons et de nos plus grands édifices.

Peut-être par un calcul instinctif de voyageur, peut-être aussi pour quitter avec moins de regret les lieux qui les ont vu naître, fixent-elles leur départ à une heure de la nuit ; toujours est-il qu'on les voit rarement disparaître pendant le jour pour ne plus revenir.

L'hirondelle de cheminée arrive plus tôt et nous quitte plus vite que les autres oiseaux de son espèce. C'est ordinairement vers la fin de septembre qu'elle commence à s'éloigner de nos climats, et vers la mi-octobre on ne la rencontre plus, elle nous a fait son dernier adieu.

Ce que j'ai dit des formes et des habitudes de l'hirondelle de cheminée, je ne le dirais pas des autres hirondelles, surtout de celle dite au croupion blanc ou hirondelle de fenêtre ; cet oiseau est joli, gracieux et doué d'intelligence, et je ne dois pas oublier de citer un fait qui, s'il est vrai, devra plaire aux nombreux amis de cet oiseau sympathique.

« Au moment du départ, au mois d'octobre 1854, » les hirondelles (rapporte une narration que je

» crois fidèle) rassemblées en grand nombre au
» Bourg-Neuf, semblaient dans leur actif gazouil-
» lement se livrer à un important débat.

» Une hirondelle avait été blessée, son aile brisée
» ne pouvait plus la porter aux lointains rivages ; en
» vain ses compagnes désolées venaient effleurer de
» leur vol rapide le nid où la malade s'était réfugiée,
» et poussaient de petits cris aigus pour stimuler sa
» paresse ; vains efforts, appels superflus ! la pauvre
» blessée ne put quitter son nid. Enfin il fallut partir
» et abandonner la malheureuse estropiée ; mais elle
» ne fut pas complétement délaissée, une amie s'est
» dévouée pour secourir sa misère, du matin au
» soir elle apporte sa nourriture à la récluse ; ce-
» pendant l'hiver est bien froid, bientôt la neige
» couvre la terre, et la pauvre sœur de charité serait
» victime de son dévouement si un voisin charitable
» ne répandait, à proximité du nid, le grain né-
» cessaire à la subsistance des deux intéressants
» oiseaux. »

Ce trait d'admirable dévouement n'est-il donc que
le résultat de l'instinct ou tout au plus d'une intelligence aveugle et qui s'ignore ? Si cela est, pourquoi
admirer cet oiseau, signaler son action comme une
œuvre rare de bienfaisance. Non ! ce qui est certainement un acte de sentiment n'est pas l'œuvre du

pur instinct, ou notre langue est imparfaite et n'a pas encore trouvé le mot pour exprimer la noble impulsion qui a fait agir cette nouvelle sœur de charité.

LA GRIVE.

———

Quand les mois les plus froids de l'année sont passés, la grive ne tarde pas à paraître ; d'abord elle reste silencieuse, mais sitôt que le soleil, dans sa course plus longue, commence à réchauffer la terre, alors elle se fait entendre. La nature agitée lui plaît, elle annonce les jours de tourmente et d'orage, si fréquents à cette époque de transition. Du sommet des plus grands arbres, où elle reste perchée, elle siffle pendant des heures, et jette au vent des tempêtes, qui les porte au loin, les *accents prophétiques* de sa voix éclatante.

Je n'ajouterai que peu de mots à ce que je viens de dire des mœurs et des habitudes de la grive. On sait avec quel art elle bâtit son nid ; sous ce rapport elle égale presque l'hirondelle, et personne n'ignore qu'elle se plaît dans les bois et les vignes, qu'elle se nourrit d'insectes et de fruits, et très probablement son goût prononcé pour le raisin a donné naissance au proverbe français : *soûl comme une grive.* J'ai ouï dire qu'elle était l'oiseau chéri des Anglais, je le croirais : le merle, le sansonnet et la grive, sont des siffleurs, et doivent plaire au même titre. — Après la grive arrivent successivement les oiseaux chanteurs par excellence, la fauvette et le rossignol.

LE ROSSIGNOL.

———

Le rossignol! — Quel nom! et quels souvenirs!
Alexandre, César, Napoléon, Homère et Virgile;
ah! certes votre mémoire passera de siècle en siécle,
jusqu'à la postérité la plus reculée. Eh bien! au nom
de la vérité, et malgré tout mon respect, souffrez
que je vous le dise : vous avez fait battre moins de
cœurs, arraché moins de cris d'admiration que ce
petit oiseau. Mais qu'en dirais-je? oserais-je en
parler, moi chétif, quand d'aussi beaux génies ont
épuisé ce que la parole humaine a de plus éloquent
pour célébrer la voix de ce chantre de la nature? On
ne me le pardonnerait pas, et d'ailleurs, toute la
vie du rossignol se résume en un point. Il vit pour
chanter jour et nuit, à chaque heure; toujours il
chante, sa vie n'est qu'un chant.

3*

LE ROUGE-GORGE.

Un soir, dans les derniers jours du mois de janvier, lorsque le froid qui rendit mémorable l'année 1829, arrivait à son apogée, je traversais le village de Pellouailles, j'étais descendu de voiture et frappais la terre à coups redoublés pour me réchauffer. Tout à coup j'entendis un jeune villageois dont l'aimable physionomie annonçait les heureuses qualités du cœur. En dépit de la froidure, je m'arrêtai aux paroles qu'il prononçait :

D'où arrives-tu, disait-il, gentil oiseau, pourquoi viens-tu vers moi ? Comme tu me regardes avec tes grands yeux noirs, fixes et brillants. Tu vas, tu viens *en trottillant* et en agitant doucement tes ailes; tes plumes sont rebroussées, tu fais le gros, je crois que tu as grand froid, eh bien! viens réchauffer tes membres engourdis; tiens, entre, approche-toi du feu! Et comme s'il l'eût entendu, l'oiseau s'élança sur ses pas, et d'un coup d'aile traversa l'appartement et vint se poser sur le chenet du foyer; c'était un rouge-gorge. Il n'y resta pas longtemps, bientôt il fit entendre deux ou trois petits cris, qu'on eût pu prendre pour des remercîments adressés à son jeune bienfaiteur, et s'échappa par la fenêtre après avoir voltigé autour de la chambre.

Cette petite scène que j'aime à me rappeler n'étonnera personne, je le sais, car tout le monde a observé le rouge-gorge, et chacun peut avoir quelques traits semblables à raconter.

Cet oiseau semble préférer l'automne aux autres saisons. A cette époque de l'année on l'entend souvent chanter le matin, et surtout le soir quand l'air est calme. La douceur et l'innocence de ses mœurs, l'attrait qu'il parait avoir pour nos demeures, les accents mélancoliques de sa voix plaintive, les sentiments de commisération qu'il éveille dans notre âme affligée par les tristes jours de l'hiver, alors qu'il vient chercher un refuge dans nos appartements; toutes ces circonstances devaient faire distinguer le rouge-gorge par les personnes douées d'une imagination vive et sensible. Aussi est-il comme l'hirondelle, un des oiseaux chéris des romanciers et des poètes.

Le rouge-gorge, comme l'indique son nom, a le plumage de la gorge rouge, ou plutôt d'un jaune foncé. Il se nourrit de vermisseaux, d'insectes et de fruits, qu'il vient prendre et becqueter à vos pieds, fait son nid dans les trous des mulots, des rats et des taupes, le long des fossés garnis de haies. Il est très curieux, et bien qu'il soit impossible de dompter son amour pour l'indépendance et la liberté, on le prend facilement ; à la pipée c'est le premier arrivé.

L'OISEAU DE PROIE, L'ÉPERVIER

ET LA CRÉCERELLE.

Presque tous les oiseaux ont de la douceur dans la voix, leur chant qui peut servir à les reconnaître est souvent agréable. Seul entre tous, l'oiseau de proie, surtout celui qui se nourrit de chair palpitante, se distingue par des cris aigus, véritable chant de guerre, indice de ces instincts féroces, et dont il semble faire usage dans le but unique d'inspirer la terreur, et de glacer d'épouvante ses malheureuses victimes.

Jamais je n'ai observé les oiseaux de proie, étudié leurs mœurs, contemplé leur physionomie accentuée et accusatrice, sans qu'aussitôt ils ne me rappelassent certains passages des *Soirées de Saint-Pétersbourg*, où M. le comte de Maistre cherche à démontrer *que la guerre est divine*, un *chapitre de la loi générale qui pèse sur l'univers.*

Quel bizarre rapprochement! quel rapport, va-t-on demander, peut-il y avoir entre les Soirées de Saint-Pétersbourg et les oiseaux de proie! On va le voir.

Dans le vaste domaine de la nature vivante, dit M. le comte de Maistre, « il règne une violence ma-
» nifeste, une espèce de rage prescrite qui arme
» tous les êtres, *in mutua funera*.... Une force à la
» fois cachée et palpable se montre continuellement
» occupée à mettre à découvert le principe de
» la vie par des moyens violents. Dans chaque
» grande division de l'espèce animale, elle a chargé
» un certain nombre d'animaux de dévorer les au-
» tres. Ainsi il y a des insectes de proie, des rep-
» tiles de proie, des oiseaux de proie, des quadru-
» pèdes de proie. Il n'y a pas un instant de la durée
» où l'être vivant ne soit dévoré par un autre. Au
» dessus de ces nombreuses races d'animaux est
» placé l'homme, dont la main destructive n'épargne
» rien de ce qui vit. Il tue pour se nourrir, il tue
» pour se vêtir, il tue pour se parer, il tue pour at-

» taquer, il tue pour se défendre, il tue pour s'ins-
» truire ; il tue pour s'amuser, il tue pour tuer.....
» Le carnage permanent est prévu et ordonné dans
» le grand tout. Mais cette loi s'arrêtera-t-elle à
» l'homme ? Non, sans doute. Cependant quel être
» exterminera celui qui les exterminera tous ? Lui,
» c'est l'homme qui est chargé d'égorger l'homme. »

Il a été de mode dans un certain monde de se faire
l'admirateur des œuvres du comte de Maistre ; je
n'en suis point étonné, je ne dis pas non plus qu'on
ait tort, seulement je crains l'excès de zèle ; un peu
moins d'enthousiasme ne gâterait rien à l'affaire,
permettrait de juger plus sainement, laisserait faire
la part aux défauts essentiels dont elles ne sont
point exemptes, j'ose l'attester. Je n'ai point, toutefois, et l'on ne me supposera pas, j'espère, l'intention d'en faire la critique, ce ne serait point ici
le lieu et cela me mènerait trop loin, je reviens
à l'épervier.

Voilà donc, m'écriai-je un jour qu'un épervier
était venu me ravir, avec la rapidité de l'éclair, un
joli petit chardonneret perché sur une baguette que
je tenais à la main, voilà un de ces êtres mystérieux
destinés, par la volonté divine, à prendre sa part dans
le *carnage universel*. Faut-il le plaindre ou le mau-
dire ! ni l'un ni l'autre, peut-être, si je dois en croire

les accents prophétiques du noble comte. Eh pourquoi n'y croirais-je pas! voyez comme cette loi se traduit par l'effroi qu'il inspire sur son passage, malgré la rapidité et le silence de son vol; on dirait qu'une certaine odeur de sang et de meurtre l'environne et le précéde. Que de fois j'ai été averti de l'approche d'un de ces oiseaux par des cris particuliers des coqs et des poules de ma basse-cour, et par l'empressement des poussins à se précipiter sous les ailes de leur mère. Cependant tous ces signes de terreur étaient manifestés bien avant qu'il fût possible aux uns et aux autres de l'apercevoir au-dessus de la cour, que des bâtiments élevés entourent de toutes parts.

Ainsi que le voleur et le brigand, l'oiseau de proie mène une vie solitaire et retirée; doué d'une organisation toute spéciale, il sait s'en servir avec une audacieuse énergie pour la satisfaction de ses instincts cruels.

Le silence presque absolu qu'il observe, son air rêveur, son attitude constamment observatrice, ses yeux perçants et munis d'une épaisse membrane qui lui permet de les tenir toujours ouverts, même en face de la plus vive lumière, la puissance musculaire de ses longs doigts armés d'ongles aigus et tranchants, sa grosse tête, son bec court et crochu, son plumage fauve, tout annonce chez cet oiseau un de ces êtres nés pour l'attaque et le meurtre ; insensible et sans remords, c'est un véritable bourreau.

Les oiseaux surpris et qu'il a comme magnétisés par la puissance terrifiante de son organisation, se laissent souvent tuer sur place. Immobiles de terreur, ils craignent d'en appeler à leurs ailes pour se sauver, certains d'offrir une prise assurée aux serres de leur redoutable ennemi sitôt qu'ils auront pris leur vol.

Il y a peu de temps, j'ai sauvé de la mort un malheureux pigeon attaqué par une crécerelle; blotti contre terre il se laissait arracher des pinceaux de plumes plutôt que de chercher à fuir; la stupeur dont il était frappé allait le perdre si je n'étais arrivé à temps pour le soustraire aux coups redoublés de son assassin.

LE MARTIN PÊCHEUR.

Lorsque l'hiver céde la place aux beaux jours, les bruyants habitants des humides contrées émigrent vers le Nord; une température basse convient à leur constitution, ils aiment le froid.

On ne voit plus alors sur le bord de nos rivières que quelques retardataires, devenus par habitude les amis et les compagnons de la poule d'eau.

Si, vers cette époque de l'année, comme cela m'est souvent arrivé, vous vous arrêtez à contempler en silence un joli paysage réfléchi par le cristal d'une eau calme et transparente, vous ne serez pas long-temps sans entendre comme le bruit d'une petite pierre lancée sur les bords du rivage; regardez et vous verrez sortir de l'eau l'oiseau de nos climats le

4

plus brillamment coloré, le joli martin pêcheur ; il emporte dans son long bec le poisson qu'il a pris en plongeant, et célèbre sa victoire par un cri prolongé et perçant.

En le regardant de près on serait tenté de croire qu'un peintre a promené son pinceau, chargé d'une épaisse couche d'un beau vert bleu, sur toute la partie supérieure de son corps. « Il semble, dit » Buffon, que le martin pêcheur se soit échappé de » ces climats où le soleil verse avec les flots d'une » lumière plus pure tous les trésors des plus riches » couleurs. »

Souvent on le voit s'élever à quelques mètres au-dessus de l'eau, où il se tient pendant plusieurs secondes en agitant rapidement ses ailes à la manière des oiseaux de proie et se laisse tomber comme un plomb pour saisir le poisson, qu'il va dévorer sur une pierre, l'extrémité d'une branche ou d'un roseau ; puis il se met de nouveau en observation, plonge et replonge au même endroit sans succès, mais son courage et sa patience sont à toute épreuve : il ne se rebute jamais.

Son grand œil noir et plein de feu, placé au milieu d'une petite tache acajou, semble augmenter l'éclat et la vivacité des couleurs de son plumage, plus brillant sur sa tête et sur les deux moustaches situées de chaque côté du bec que sur les autres parties de son corps.

Ses pattes grêles et très courtes sont irrégulièrement construites; la nature les a ainsi disposées afin de donner à l'oiseau plus de facilités pour saisir sa proie.

Plusieurs fois j'en ai vu trois ou quatre se poursuivre, à la file les uns des autres; le battement de leurs ailes était si vif, leur vol si rapide et si bien filé, qu'il me semblait voir, en les regardant, un long ruban bleu se dérouler sur la surface de l'eau.

On le rencontre sur le bord des ruisseaux, dont il suit le cours. Il est alerte, toujours sur ses gardes et s'enfuit au moindre bruit et sitôt qu'il vous aperçoit.

Son caractère sauvage ne permet pas de croire qu'on puisse jamais le posséder longtemps dans nos volières dont il ferait l'ornement.

LE MERLE.

——

Cet oiseau est solitaire et sauvage, et en dépit du proverbe : *fin comme un merle*, Buffon a raison de dire qu'il est plus peureux que rusé, plus inquiet que défiant, j'ajoute qu'il est très curieux et souvent puni de sa curiosité.

Qu'il me soit permis d'insérer dans ce recueil une histoire de merle qui date de mes premiers ans.

J'étais le plus jeune d'une nombreuse famille, et tous nous étions encore enfants lorsque notre père, homme grave et cependant doué d'une extrême sensibilité, voulut élever pour notre amusement, et peut-être aussi pour son propre plaisir, un de ces oiseaux imitateurs, dont le gosier flexible reproduit fidèlement les petits airs qu'on leur a sifflés. Or donc ce jeune oiseau devint un merle du plus beau noir, et je me souviens que son bec entièrement jaune et ses yeux entourés d'un léger filet de même couleur, lui donnaient une physionomie singulière qui m'intriguait.

Tous les matins et tous les soirs nous nous réunissions autour de sa cage pour entendre notre père qui lui servait d'instituteur.

On se ferait difficilement une idée de notre étonnement et de notre joie lorsqu'un jour nous entendîmes l'oiseau siffler à demi, mais avec une exactitude parfaite, l'air qu'on voulait lui apprendre. Les noms les plus tendres lui furent prodigués; il devint l'objet de nos soins les plus affectueux. Biscuits, grenailles de toute sorte, fruits nouveaux, fleurs nouvelles suspendues aux barreaux, rien de ce qui pouvait embellir et rendre confortable l'habitation de notre aimable prisonnier ne fut épargné. Mon père nous encourageait de son exemple, et nous n'étions pas sans nous apercevoir qu'il partageait notre amour. Tant d'attentions furent couronnées d'un plein succès; notre merle ne tarda pas à devenir un siffleur de premier ordre. Aussi recueillis et silencieux nous passions des demi-heures à l'écouter, et qui eût entendu nos cris d'admiration quand il cessait, nous eût pris pour de petits acteurs, adressant leurs félicitations enthousiastes à quelques-uns de leurs camarades ; nous étions fiers et heureux de le posséder et bien loin de penser que l'impitoyable mort devait bientôt nous le ravir.

Vers la fin d'un beau jour d'été, nous allions rendre visite au chanteur bien-aimé, dont la santé, depuis quelques jours, nous alarmait; l'un de nous surpris de ne pas entendre comme de coutume le sifflement dont il saluait notre approche, manifesta son étonnement par un mot qui nous fit trembler; nous hâtâmes le pas et nous arrivâmes le cœur serré auprès de la cage. Mon père l'enleva de l'arbre où il l'avait suspendue le matin, la posa à nos pieds; des larmes roulèrent dans ses yeux, et silencieux il s'éloigna, ne voulant pas par sa tristesse augmenter notre chagrin et nos justes regrets.

Nous contemplions en pleurant le corps inanimé de notre cher oiseau. Quel malheur ! nous ne l'entendrons plus chanter ; pauvre petit ! comme il était joyeux quand nous venions le voir !... puis tout à coup, comme si nous nous fussions reprochés de vains discours et qu'un sentiment plus élevé se fît jour au fond de nos cœurs, il nous sembla que nous avions un dernier devoir à rendre à l'amitié. Les enfants sont imitateurs en toutes choses !

Nous imaginâmes donc de lui faire un linceul de

mousse et de fleurs, un cerceuil de la boîte où étaient renfermés les hannetons que nous aimions à lui donner et dont il se faisait un jeu, et d'élever à sa mémoire un mausolée, composé d'une touffe d'herbe flétrie surmontée d'une petite croix.

De retour au salon, nous y trouvâmes notre père dans l'attitude de la tristesse. D'où venez-vous? dit-il, je ne suis pas toujours resté ici, je vous ai vus. Pourquoi, je vous le demande, cette inconvenante singerie de nos... et n'achevant pas, au reste, s'empressa-t-il d'ajouter, puisque vous pleurez l'aimable oiseau qui vous amusait, vous serez sensibles et reconnaissants, je le vois! Pendant qu'il nous adressait cette paternelle réprimande, la sympathique influence de notre affliction le gagna, et dans la crainte de nous rendre témoins de ce qui, sans doute, lui paraissait une faiblesse, il se leva, mais il ne put sortir à temps, son émotion le trahit.

Quelle longue suite d'années me sépare de cette journée de douleur enfantine, que d'événements graves et terribles ont passés devant moi, et dont la mémoire commence à s'effacer! Cependant le souvenir de cet oiseau conserve toute sa vivacité. Pourquoi cela?

Parce que ce qui touche le cœur laisse dans l'esprit des traces ineffaçables.

LE SANSONNET.

———

Parmi les oiseaux susceptibles d'éducation, le sansonnet ou l'étourneau, se rapproche plus que tout autre du merle, par son plumage et sa physionomie. Son organisation gutturale lui permet de recevoir un enseignement varié, il apprend facilement à parler et à siffler; le merle siffle fort bien, mais la nature semble lui avoir refusé la parole.

Je viens de dire que le sansonnet se rapprochait du merle par le plumage et la physionomie, cela n'est vrai que sous un aspect général, car si on les observe et qu'on les compare, on trouve entre eux des différences tranchées. Le plumage d'un merle mâle est d'un beau noir velouté, celui du sansonnet est d'un brun verdâtre chatoyant, mêlé de gris et comme glacé, et parsemé de petits points blancs, surtout sous la gorge. Considéré dans son ensemble, on peut donc dire, sans être taxé de partialité, que cet oiseau est aimable et fort joli.

Ces qualités réunies ont mérité au sansonnet le triste avantage d'être un objet de convoitise, un sujet d'amusement, pour tous les âges et pour toutes les conditions. Le sansonnet en esclavage se voit partout, on le rencontre à tous les degrés de l'échelle sociale, depuis l'échoppe jusqu'au palais inclusivement. Cependant il n'est pas le privilégié de l'aristocratie, c'est plutôt l'oiseau du peuple; un sentiment intime, une secrète loi d'attraction, fondée peut-être sur la similitude de certains instincts, le rendent plus sympathique à la démocratie. Il aime la société, devient familier, mais il n'accorde jamais une confiance absolue à la flatterie et aux caresses. Il ne se laisse jamais prendre que très difficilement, même par la main qui l'a nourri.

Il est très commun; on peut dire qu'il abonde dans presque tous les pays. Châteaubriant parle de millions de sansonnets réunis en bataillons, et ressemblant à des nuages qui volaient au-dessus de sa tête, lorsqu'il visitait les ruines de Carthage.

Pendant longtemps j'ai été à même d'en observer un qui avait été élevé sous mes yeux. Son enfance n'offrit rien de remarquable, mais lorsque ses premières plumes commencèrent à tomber et qu'il revêtit les couleurs de l'âge adulte, il se montra plus sensible à la voix des personnes qui se chargèrent de son éducation. En très peu de leçons il apprit à prononcer distinctement son nom d'abord, puis quelques autres mots, et enfin une phrase entière. Je remarquai toutefois, que sa voix, quand il parlait, n'était jamais bien claire, il nasillait. Souvent je l'ai vu frapper les barreaux et le plancher de sa cage avec les deux parties de son bec qu'il tenait ouvertes comme les branches d'un compas. C'est probablement en agissant de la sorte, qu'il écarte la terre pour y chercher et prendre les petits vers dont il se nourrit. Il se baigne avec passion, et je me suis demandé plusieurs fois si un instinct de propreté, assurément très louable, ou si le besoin impérieux de calmer l'effervescence du sang, le poussait vers l'eau ; je ne puis le dire, toujours est-il qu'il s'y plonge avec intrépidité, même dans les temps les plus froids, et sitôt qu'il en est sorti, il prend soin de son plumage. A l'aide de son bec et de ses pattes, il lisse, redresse et met en place chaque plume, et fait tout cela avec une vivacité, une grâce et une adresse qui nous enchantent.

Les sansonnets s'accouplent dans les premiers

jours de février; ils choisissent de préférence le creux des noyers et des vieux châtaigniers pour y faire leurs nids. La femelle pond de 4 à 5 œufs; et les petits sont assez forts vers la fin d'avril, pour prendre leur essor.

Au commencement de l'automne, ils se réunissent et vont en troupes chercher leur nourriture, principalement dans les prairies à la suite des bestiaux, dont le piétinement fait sortir du sol les vers, et dont la présence attire des insectes. Il n'est pas rare alors d'en voir perchés sur le dos des bœufs et des vaches, qu'ils frappent à coups de bec afin d'en arracher les larves du taon, qui éclosent sous la peau de ces animaux.

A la chute du jour, ils se rassemblent sur les arbres, d'où ils ne tardent pas à partir pour se rendre dans les roseaux des marais où ils passent la nuit. Et là, réunis en bandes innombrables, on dirait qu'ils ne veulent goûter les douceurs du sommeil qu'après s'être raconté les aventures de la journée, dans un long et bruyant babillage, dont le bruit se répand au loin.

LE MOINEAU FRANC.

———

Je ne crains pas d'affirmer que le moineau franc,
ne peut être considéré avec indifférence; pour moi,
je le prends au sérieux, et sans rire, j'ajoute que le
genre moineau devrait être l'objet de nos plus graves
méditations.

Cet oiseau n'a point abdiqué, il est resté notre
seigneur suzerain, en tous lieux l'homme est son
tributaire, il envahit son toit, il détériore et dégrade
son habitation, et les petites avaries mille fois répétées, dont il est cause, équivalent à un désastre.

Les quantités de blé et de graines de toute sorte
que cette race dévore chaque année, est incalculable,
et lorsque je réfléchis à la déplorable fécondité dont

elle est douée, il me semble que mon espèce est menacée; oui, si le moineau n'avait des ennemis cachés, et qui en font, j'imagine, une ample destruction, il nous prendrait par la famine, il aurait raison de nous.

On le voit partout, et sur tout, à la ville et à la campagne. Allez où vous voudrez, portez vos regards n'importe où, et si vous n'apercevez pas un moineau, ma foi, vous aurez bien du bonheur.

Il est insolent, querelleur, hardi, audacieux, robuste et ne manque point de courage. Fait-on quelque distribution de grain aux oiseaux d'une basse-cour, aussitôt il descend des toits pour en prendre sa part, et se mêle, sans craindre un juste châtiment, aux poules, aux dindons, aux canards, dont il vient dérober la pitance.

Le cultivateur pénètre-t-il dans un champ pour l'ensemencer? le moineau est derrière lui, sur ses pas. Rentre-t-il sa récolte? le moineau pénètre aussitôt dans le grenier par le moindre trou. Placez-vous à une fenêtre la cage d'un oiseau chéri, aussitôt il arrive, emporte le biscuit ou la branche de millet suspendue aux barreaux, et ce que Buffon dit, je l'ai vu. *Il livre des combats à l'entrée des volières et des colombiers, et crève à coups de bec, la poche des jeunes pigeons pour en extraire le grain.*

Il n'y a pas de réduits qui ne lui servent de retraite, pas d'endroits où il ne construise son nid,
pas d'objets qu'il ne dérobe pour cette construction;
plumes, fil, foin, crins, cheveux, vieux chiffons...,
il met tout à contribution.

Dès la pointe du jour il se fait entendre, et jusqu'au soir, c'est toujours la même note, toujours le
même cri, *piave*, *piave*, singulièrement monotone
et agaçant.

Enfin, sous quelque rapport qu'on envisage le
moineau franc, on ne saurait lui trouver un bon
côté. Oubliez-vous, dira-t-on, qu'il détruit les larves,
les chenilles, et une multitude de petits insectes; je
répondrai que ses services ne le rachètent point, et
que sa voracité nous fait infiniment plus de tort que
son espèce ne vaut.

Dans les beaux jours de l'automne, vers le mois
d'octobre, ces oiseaux ont coutume de se rassembler,
on voit alors d'épais buissons entièrement couverts
de moineaux. Ils restent là presque silencieux ou
piaillant tous ensemble, tenant leurs plumes redres-
sées et soulevées pour laisser pénétrer plus facilement les rayons du soleil, et comme pour faire provision d'une chaleur qui s'en va.

Lorsque le froid se fait sentir, ils se rapprochent
des habitations dont ils s'éloignent peu, afin de pro-

fiter de toutes les bonnes occasions qui pourront se présenter. Souvent au moment des repas, ils entrent furtivement dans les salles à manger, se glissent sous la table, entre les jambes des convives, pour y chercher de petits morceaux de pain. Mais en dépit de leur prestesse, il arrive quelquefois que la griffe meurtrière d'un vieux chat, leur fait payer chèrement un tel excès d'audace.

Pendant mon séjour en Belgique, j'eus l'occasion de voir un des plus vieux et des plus intrépides collectionneurs de la capitale du Brabant, ce qui n'est pas peu dire; cet homme avait conçu pour les moineaux francs, une de ces haines vigoureuses qui ne s'éteignent qu'avec la vie. Depuis plus de 30 ans, il leur faisait une guerre à outrance ; jour et nuit des piéges étaient dressés, sur les arbres, dans les carrés du jardin, les coins de la cour, et jusque sur le bord des fenêtres, et des armes à feu dont il était abondamment pourvu, étaient là toujours prêtes, et comme sa manie de collectionner se portait sur tout, il me fit voir une innombrable collection d'yeux et de pattes de moineaux, puis une vaste salle entièrement tapissée de leurs ailes.

Ce vieillard ne portait point un cœur dur, au contraire, et pourtant il contemplait tous ces débris dignes tout au plus d'un charnier, avec une sorte de

ravissement, tant il paraissait convaincu qu'il exer-
çait ainsi un véritable devoir, une mission presque
divine, comme eût dit le comte de Maistre, et en
conscience je serais tenté de croire qu'il n'avait pas
tort.

Moineau vient de moine, dit-on. Cette explication
pourrait faire croire que le moineau vit en solitaire,
cela n'est pas. — Il se pourrait qu'on aurait remar-
qué dans les temps de ferveur religieuse, que cet
oiseau avait une préférence pour les couvents de
moines, et qu'en raison de cette habitude, on lui ait
donné le nom sous lequel nous le désignons aujour-
d'hui.

J'ai peu de sympathie pour les moineaux, on vient
de le voir, et pourtant je ne puis me défendre d'un
sentiment d'indulgence en leur faveur, j'éprouve
même le besoin de leur pardonner, toutes les fois
que ma mémoire me rappelle un de ces accidents
bizarres, dont j'ai été la cause occasionnelle et
qu'un fataliste enregistrerait avec bonheur.

Pendant une de mes récréations de collégien, je
m'amusais à lancer en l'air avec une raquette de petites billes de marbre, auxquelles les écoliers de mon
pays ont donné (je ne sais pourquoi) le nom de *ca-
nettes*. Une de ces billes décrivait encore son mouvement ascentionnel, lorsqu'un moineau mâle poussé

par *le destin*, vint se poser sur une petite pierre plate, formant le sommet d'un pignon; il y était à peine, que la bille en retombant vint le frapper directement sur le crâne; mortellement atteint, le pauvre oiseau roula le long du toit en agitant convulsivement ses ailes, et comme je le reçus dans mes mains où il vint expirer, je vis avec attendrissement que l'instinct de la paternité ne l'abandonna pas un seul instant. Il conserva dans son bec, jusqu'au dernier soupir, tous les moucherons qu'il avait attrapés, et qu'il allait sans doute distribuer à ses petits, quand il reçut le coup mortel.

LE DINDON.

L'Amérique est, dit-on, le pays natal du dindon.
Je veux le croire, et dans le doute je ne conteste-
rais pas, malgré cette assertion d'un aimable auteur
que le dindon est certainement un des plus beaux
cadeaux que le nouveau monde ait faits à l'ancien.

La vue de cet oiseau me chagrine; son allure em-
pâtée m'impatiente, et je ne lui pardonne pas ses
éclats de voix stupides qu'il accompagne souvent
d'un bruit sourd et mal sonnant. En vérité, j'ai toujours été tenté de croire qu'il ne voulait pas déplaire
à demi, et qu'il ne déployait toute son énergie que
pour offrir un modèle accompli de déplaisance.

Voyez quand il fait *la roue*, n'est-ce pas l'image
de la sotte importance? Et quand il précipite sa

marché, la tête en arrière et le ventre en avant, après avoir déployé et rabattu ses ailes dont les dernières plumes grattent la terre, oh! alors on peut le dire, il s'est élevé au sublime de la suffisance, et ce lambeau de chair flasque et plissée qui tapisse son col, et dont un ignoble bout lui pend au nez, ne vous semble-t-il pas un véritable thermomètre où s'échelonnent à souhait les différents degrés du sentiment qui l'agite?

En passant par les nuances du rouge cramoisi par le violet pour arriver à la pâleur livide, cet étrange cartilage donne au dindon un aspect de colère et d'orgueilleuse vanité, qui le rend à la fois hideux et ridicule.

J'ai cherché dans les mœurs et les habitudes de cet oiseau un côté qui le rachetât; je n'en connais qu'un, mais un seulement. Je me hâte de le signaler.

Dans les années où les hannetons pullulent, le dindon est à coup sûr le plus redoutable adversaire qu'on puisse leur opposer. Il les avale par milliers.

Cultivateurs, dont les récoltes sont menacées par ce terrible fléau, ayez recours aux dindons, vous ne pourrez mieux faire.

Dans ce que je viens de dire, je n'ai parlé que de l'animal vivant. En parlerai-je quand il a cessé de vivre? je m'en garderai bien. Je sais le respect que l'on doit aux morts. Et puis, je ne voudrais pas me mettre mal avec les gastronomes, gens trop aimables, s'il faut en juger par l'œuvre charmante de leur illustre représentant Brillat-Savarin, de très spirituelle mémoire.

LE PAON.

———

Le Paon est incontestablement le plus beau des oiseaux ; originaire de ces contrées où abondent les plus riches pierreries, on dirait que la nature les a réduites en poussière pour la répandre sur son plumage. Tout le monde connaît l'admirable description qu'en a faite Buffon. Nulle part ce grand écrivain ne s'est montré plus habile dans le choix de l'expression. Son style brille des couleurs qu'il peint, et l'œil se représente le jeu de la lumière, les mille nuances qui éclatent sur le brillant plumage qu'il décrit.

Mais si la nature s'est plu à répandre avec profusion toutes ses richesses sur la robe du paon, elle ne lui a pas donné ces qualités charmantes qui nous attirent vers l'être qu'elle en a doué.

Fier de sa parure, marchant à pas comptés, la tête haute et le col tendu, le paon semble se poser, pour provoquer les regards admiratifs.

Dédaigneux, il tient à distance les oiseaux de nos basses-cours qui vivent avec lui, il les éloigne à coups de bec et à coups d'aile, et ne souffre qu'ils prennent leur pâture que selon son bon plaisir. Mais ces airs de sultan ne sont pas toujours bien venus, et j'ai eu la satisfaction de le voir plus d'une fois battre en retraite et vaincu par un coq, justement exaspéré de son arrogance.

Vaniteux à l'excès, de même que le dindon, il se montre très sensible à la louange, et quoi qu'il soit dans toute sa splendeur quand il fait la roue, il semble si orgueilleux, si infatué de lui-même, qu'on ne lui accorde qu'à regret le sentiment d'admiration qu'il ambitionne.

Cet oiseau n'est réellement fait que pour le plaisir des yeux, et quoiqu'en dise Buffon, les accents de sa voix perçante qu'il jette comme des cris d'appel, affectent désagréablement l'oreille.

Son vol est pesant et court, les longues et nombreuses plumes de sa queue sont plutôt un ornement qu'un utile appareil de locomotion; loin de lui servir de gouvernail comme aux autres oiseaux, elles le gênent dans son vol; et lorsqu'il les perd par la mue, il vole encore moins bien.

Plus artistes que savants, les anciens, dont l'imagination était vive et superstitieuse, se plaisaient à diviniser ce qui leur semblait extraordinaire en tout genre, et surtout les objets empreints d'un caractère de grandeur. L'aigle, aux yeux étincelants, au regard fier et assuré, à la voix éclatante, et dont les mœurs et les attitudes décèlent la vigueur et la majesté, devait plaire au maître des dieux, aussi l'ont-ils placé à ses côtés comme attribut de sa toute-puissance. Et le paon, emblême de tous les charmes que doit réunir la beauté, devait prendre place auprès de la majestueuse Junon, l'épouse de Jupiter.

La vanité du paon est devenue proverbiale. Honteux lorsqu'il a perdu ses plumes, on dit qu'il se dérobe aux regards, et ne veut se montrer que quand elles ont reparu.

Ses habitudes en général ne sont pas agréables. Quoiqu'il vole péniblement, il perche sur les grands arbres, passe ordinairement la nuit sur les murs et le toit des maisons qu'il salit et dégrade, recherche rarement la société de l'homme, et s'isole volontiers. Cependant nous aimons à l'avoir près de nous dans nos habitations à la campagne.

4*

Il est vrai qu'à toute heure du jour la présence de quelques-uns de ces oiseaux, errant çà et là, augmente le charme de ces jolis tapis de verdure qui décorent nos jardins. Le matin et le soir dans les beaux jours de l'été et de l'automne, quand les rayons du soleil rasent le sol, regardez-les au moment où, sortant de l'ombre d'un arbre, ils passent dans un endroit éclairé ; vous serez comme ravis par une éblouissante apparition. Subitement frappé par la lumière, leur plumage vous renvoie les reflets de ses couleurs vives et variées et d'un effet si sublime, que notre art, dit Buffon, ne peut ni les imiter ni les décrire.

Nous avons acclimaté le paon, il a pris rang parmi nos oiseaux domestiques, aussi a-t-il dû être pour tout le monde un objet de curieuse observation. Dans l'antiquité comme de nos jours, on en a beaucoup parlé et beaucoup écrit.

On croit que ces cris souvent répétés sont un présage de pluie, ce que l'expérience rend très probable, et comme le merveilleux nous plaît, que l'esprit humain n'est jamais complétement dégagé de certaines faiblesses, la superstition a voulu voir dans ces cris un funeste pronostic. Et puisque l'erreur et l'illusion sont les filles d'une admiration excessive, il ne faut pas être surpris que dans les premiers temps où il a paru, le paon, ainsi que tous les êtres doués de qualités extraordinaires, ait eu, et conserve encore le privilége d'abuser les esprits après avoir fasciné les regards.

LA COLOMBE ET LA TOURTERELLE

A COLLIER.

Je ne puis voir cet oiseau sans me rappeler aussitôt les jours de mon enfance. La tourterelle à collier a été mon premier ami, et l'un de mes consolateurs pendant une de ces maladies auxquelles on est sujet à cet âge.

Comme tout animal dont les qualités sont fortement accentuées, la tourterelle offre des contrastes frappants. Sous l'apparence de la placidité et d'une égalité d'humeur inaltérable, elle cache un cœur de feu.

La couleur caractéristique de son moëlleux plumage, l'élégance et la grâce de ses formes harmo-

nieuses, la douce monotonie de son chant, toutes ses
habitudes concourent pour en faire le type de la
mansuétude, et vraiment ce n'est point à tort que les
artistes et les poètes en ont fait l'emblème de la passion la plus douce et la plus impétueuse, et que le
culte chrétien l'a choisie comme le symbole de l'inef-
fable bonté de l'Esprit Divin.

Son vol est de courte durée, elle semble se plaire
dans un espace restreint, et jamais je ne l'ai vue
témoigner la moindre répugnance à rentrer dans la
cage qu'on lui a donnée pour domicile.

Elle reçoit nos caresses avec complaisance et une
sorte de volupté ; par l'inclinaison de sa tête, semblable à un salut plusieurs fois répété et presque
toujours précédé d'un petit cri, imitatif du rire, elle
vous rend grâce du plaisir qu'elle paraît éprouver.

Dans la crainte sans doute de gâter son charmant
naturel, elle veut rester ce que la nature l'a faite, et
se montre rebelle à toute sorte d'enseignement.

C'est au retour des beaux jours, quand les premières ardeurs de la passion viennent l'aiguillonner,
qu'il est intéressant d'observer le mâle de la tourterelle à collier.

Amant ingénieux, il sait jouer alors tous les rôles
pour peindre et faire partager sa flamme à l'objet aimé.
D'abord il s'avance, se dresse, se rengorge, recule,

s'avance de nouveau, prend un air conquérant qu'il abandonne soudain, et se montre amoureux, humble et soumis, revient la tête inclinée, frappe d'un coup d'aile caressant la cruelle qui lui répond par un signe de froideur et de dédain. Peut-être faut-il l'excuser. La pudeur a ses lois, et d'ailleurs la dissimulation n'est-elle pas l'arme favorite du beau sexe? Elle ne peut l'ignorer.

Cependant vaincue, fascinée par le charme des mille petites agaceries qu'il lui prodigue, elle n'oppose plus qu'une faible résistance à son vainqueur.

Mais ce n'est point un trompeur qui l'a séduite, il garde la foi jurée. L'amant passionné devient le plus tendre et le plus dévoué des époux ; pendant tout le temps que durera la ponte et l'incubation de la femelle, on le verra près d'elle afin de la distraire et de l'encourager à la patience. Lorsque les petits seront éclos, il prendra sa part des inquiétudes, des soins, des plaisirs et des peines de leur éducation.

LE PIGEON.

Il y a plusieurs espèces de pigeon, et le nombre des variétés de ces espèces est considérable; je n'ai pas l'intention de les passer en revue, je sortirais de la sphère de mes études.

On voit dans nos villes et dans nos campagnes une grande quantité de ces variétés, soit dans les volières, soit dans les colombiers, presque toutes distinguées par la beauté, l'éclat de leurs couleurs et l'élégance de leurs formes. La douceur de leurs mœurs, la qualité de leur chair, les ont fait rechercher depuis longtemps; elles ont été et sont encore aujourd'hui un sujet d'étude et de curiosité pour les amateurs.

Tout le monde connaît à peu près les habitudes de ces oiseaux, il serait inutile d'en parler.

Mais quelques-unes de ces espèces ont reçu de la nature une faculté vraiment merveilleuse, et sur laquelle les naturalistes, à peu d'exceptions près, ont gardé le silence, soit qu'elle ait été ignorée de ceux qui d'abord ont parlé des pigeons, soit que ceux qui l'ont observée, n'aient pu en découvrir la cause.

On voit de suite par ce que je viens de dire qu'il s'agit de cet instinct (si toutefois il convient d'employer ce mot) qu'ont ces espèces, de se rendre à travers l'immense plaine de l'air au séjour de leur naissance, en partant d'un lieu où elles ont été amenées, sans qu'elles aient pu se douter de la longueur ni de la direction du trajet qu'on leur a fait parcourir, pour les y conduire.

Qui nous dira pour quelle raison, des pigeons amenés aujourd'hui par exemple d'Anvers à Angers, par le chemin de fer, durant la nuit et enfermés dans une cage, se dirigeront vers le lieu de leurs pénates, aussitôt qu'on les aura rendus à la liberté? Il y a plus, les prisonniers sont à peine arrivés à l'endroit où la porte va s'ouvrir, que déjà toutes les têtes sont tournées vers la contrée, objet de leurs désirs et de leurs regrets. Un élément occulte semble exercer sur eux le même empire que l'aimant sur le fer.

Faut-il attribuer cette miraculeuse perspicacité à une puissance de vue dont nous ne pouvons nous faire idée? Serait-ce à des émanations échappées du foyer domestique et transmises à l'odorat, par des courants qui se feraient sentir à certaines hauteurs atmosphériques, et dont nous ignorons l'existence, ou bien encore serait-ce à une différence de température appréciable à l'oiseau, et qui lui servît de boussole pour reconnaître la direction de sa patrie; ou bien enfin, si ces explications répugnent à la raison, devons-nous avouer que le pigeon renferme dans son organisation, un sens ou si l'on veut une vertu, que l'observation et la science n'ont pu pénétrer jusqu'à ce jour; quant à moi, je le croirais, et l'exclamation du poète s'échappe de ma mémoire.

Felix qui potuit rerum cognoscere causas :

Au fait, celui qui donnerait l'explication de ce curieux phénomène, ouvrirait peut-être la voie à de nouvelles et précieuses découvertes; on peut au moins le supposer, quand on pense qu'un grain d'ambre et les pattes d'une grenouille ont été le point de départ de ces nombreuses expériences, qui ont agrandi le domaine de la science, et multiplié les chefs-d'œuvre et les richesses des arts et de l'industrie.

LE MARTINET.

Le martinet est pour le vol ce que le rossignol est pour le chant. Si le rossignol chante toujours, le martinet vole sans cesse; et lorsqu'on vient à se demander comment deux êtres aussi petits, et d'apparence si délicate, peuvent suffire à une telle continuité d'action, l'étonnement vous saisit.

Le martinet sent si bien qu'il est fait pour l'air, que sa confiance dans cet élément est sans bornes; il s'y joue, il s'y livre à toute sorte de caprices, et cela avec plus d'aisance que le poisson dans l'eau. Tantôt après une pointe verticale, les ailes perpendiculaires, rapprochées et comme si elles venaient tout à coup à lui manquer, il retombe en roulant sur lui-même. Tantôt il fatigue le regard par des al-

5

lées et venues, des évolutions et des zigzags sans fin, puis subitement il s'élance presque en ligne droite et disparaît pour quelque temps. Bientôt il reparaît et recommence la même manœuvre.

Quelques heures avant le coucher du soleil ces oiseaux se réunissent dans les localités où ils sont venus se cantonner; on dirait qu'ils cherchent le contraste, et que pour vous donner une plus haute idée de l'indépendance et de la liberté dont ils sont la vivante image, ils se plaisent à raser de leurs ailes rapides les murs des vieux édifices destinés aux reclus. C'est autour des prisons, des couvents et des monastères qu'ainsi rassemblés en troupes ils s'encouragent et s'excitent en jetant par moments des cris aigus et simultanés.

Buffon affirme que les martinets craignent la chaleur; je crois au contraire que la chaleur leur plaît et semble augmenter leur énergie, car jamais ils ne sont plus vifs que par un ciel pur et un soleil ardent.

Ainsi que l'hirondelle, le martinet se nourrit de petits insectes qu'il recueille en volant. Mais on ne le voit point comme elle raser la terre lorsque l'orage et la pluie approchent, son vol est toujours plus élevé.

Si par hasard il vient à se poser sur un plan horizontal, ses pattes sont si courtes qu'il ne peut plus alors s'élever assez haut pour déployer convenablement ses ailes, et souvent il s'efforce en vain de reprendre son essor. Aussi quand il veut se reposer il pénètre à plein vol dans un trou ou s'accroche le long des murailles et c'est pour cette raison sans doute qu'il vient rarement autour des habitations situées au milieu des campagnes, si ce n'est aux environs des vieux castels dont les murs lui servent d'asile.

Je ne sais s'il boit ou s'il est organisé de sorte à ne point éprouver le besoin de la soif, que son extrême activité devrait rendre impérieuse, je ne me rappelle pas en avoir vu un seul se désaltérer sur le bord des rivières et des ruisseaux, même dans les plus vives chaleur. Buffon dit qu'il boit en rasant la surface de l'eau, je ne puis le contredire, et cependant je me défie de cette assertion.

On connait la forme et la couleur de cet oiseau, je n'en parlerai pas. Il vient plus tard et nous quitte plus tôt que l'hirondelle. D'un naturel encore plus sauvage il nous intéresse moins que cette dernière.

Je ne connais du martinet aucun caractère, aucun de ces faits d'intelligence qui font naître entre l'homme et quelques animaux les attraits de la sympathie. Il excite la curiosité sans éveiller l'affection, ni son arrivée ni son départ ne sont pour nous un sujet de plaisir et de regret. Sa présence dans nos climats n'y ajoute aucun charme, et son entière disparition ne nous toucherait que faiblement; il n'est pas du nombre de ceux que l'on ne se consolerait pas de ne plus voir et de ne plus entendre.

LE PÉLICAN.

En parcourant nos cabinets d'histoire naturelle je ne me suis jamais arrêté devant la singulière physionomie de cet oiseau, sans éprouver aussitôt le désir de le voir vivant, et de l'observer dans ses habitudes.

Le pélican a la passion du repos, il s'y délecte; on le voit rester des heures entières couché, le bec appuyé sur son dos et caché sous ses ailes. Si l'apparition de quelque être dont il redoute la présence le force à sortir du lieu où il s'est posé, son air d'impatience décèle l'ennui qu'il éprouve à se déplacer.

Ce qui vous frappe d'abord en lui, c'est la longueur et la forme de son bec, et si on ne le voyait, on ne se douterait pas de la facilité avec laquelle il

sait en faire usage, car cet énorme appareil semble
plutôt un embarras qu'un utile instrument.

Pendant un voyage que je fis en Belgique, j'allai
visiter le jardin zoologique de Bruxelles; j'étais accompagné par un de mes amis, homme doué de ces
qualités aimables et rares qui font le charme de la
société, et que l'on est toujours heureux de rencontrer.

Nous marchions lentement et en véritables amateurs, nous arrêtant çà et là, rendant hommage au
jardinier dessinateur dont le goût exercé et sûr avait
tiré un parti si heureux des divers accidents du sol.
Nos regards se portaient avec complaisance sur de
larges tapis de verdure, les uns composés de gazon
fin, luisant et serré, les autres de petit trèfle blanc,
court, épais et fourni, et qui, d'une élégance sans
égale, dessinait les gracieux contours des massifs et
des corbeilles chargées de fleurs. Nous arrivions au
point culminant d'où l'œil peut embrasser l'ensemble de ce beau jardin.

Près de nous était une flaque d'eau limpide, en-
tourée de rocailles artistement disposées sur l'un de
ses bords; sur l'autre rive, couverte d'une herbe
verdoyante et encore humide de rosée, siégeaient en
silence, et dans l'attitude du calme le plus absolu,
deux pélicans de riche taille et d'une entière blan-

cheur. Ils semblaient si heureux de leur quiétude,
que je n'aurais jamais voulu les troubler, si mon
ami n'eût piqué ma curiosité.

Ces oiseaux, me dit-il, que vous croyez sans doute
fort indolents, sont doués d'une extrême agilité, et
leur adresse dans la manœuvre de ce long bec qui
vous étonne passe toute croyance. J'ai eu il y a peu
de jours le plaisir d'assister à l'un de leurs repas.

Placés où nous les voyons, ils étaient comme ense-
velis dans le sommeil le plus profond ; en un instant
leurs petits yeux noirs devinrent étincelants, et soudain je vis leur bec sortir de dessous leurs ailes,
comme une grande lame de son fourreau, puis ils
se précipitèrent brusquement dans le bassin. Le gar-
dien venait d'entrer dans leur enclos ; d'un panier
qu'il tenait sous le bras il sortit un bon nombre de
poissons encore vivants qu'il lança à l'eau, et se re-
tira, me laissant seul témoin d'un spectacle auquel
j'étais loin de m'attendre, de trop courte durée je
vous assure, car à mon étonnement se joignait une
véritable admiration.

Devenus aussi prompts et aussi agiles qu'ils nous
semblaient apathiques, nos pélicans s'agitaient en
tous sens pour saisir leur proie. Le poisson qu'ils
prenaient, suivant l'axe de sa longueur, glissait mer-
veilleusement au fond de leur gosier, mais ne pou-

vaient-ils le saisir qu'en travers, alors ils le retenaient avec l'ongle qui termine la lame supérieure de leur bec, puis par un mouvement de bas en haut, imprimé avec l'habileté du plus adroit joûteur, ils le lançaient en l'air de façon qu'il retombât dans le sens de sa longueur, et vînt s'engloutir dans leur poche placée tout exprès comme vous voyez au fond du bec qu'ils tenaient largement ouvert. Cette manœuvre dura jusqu'au dernier poisson, après quoi ils reprirent leur première attitude, avec cet air de douce satisfaction que l'on remarque chez les gens dont la provision est assurée.

En achevant ce récit, mon ami allongea le bras vers nos impassibles pélicans en agitant la canne qu'il portait, ils ne parurent pas s'en apercevoir; à mon tour je cherchai à les épouvanter par un cri, ils me firent même réponse; enfin je leur lançai une petite pierre, cette fois ils s'émurent, et s'étaient à peine soulevés qu'ils retombèrent aussitôt, replaçant leur bec sur le dos. Cette insistance me désarma, nous n'avions pas d'ailleurs à notre disposition de quoi les dédommager de nos agaceries, et leur physionomie était empreinte d'une si éloquente inquiétude que je leur accordai de bonne grâce la tranquillité qu'ils nous demandaient et qui paraît faire le plus grand charme de leur existence.

La chasse que le pélican en liberté fait aux poissons vaut la peine d'être observée, Buffon n'a pas dédaigné de la décrire.

« Les ailes du pélican, dit-il, sont si largement
» étendues que l'envergure en est de 11 à 12 pieds;
» il se soutient donc très facilement et très long-
» temps en l'air; il s'y balance avec légèreté, et ne
» change de place que pour tomber à plomb sur sa
» proie qui ne peut échapper, car la violence du choc
» et la grande étendue des ailes qui frappent et cou-
» vrent la surface de l'eau la font bouillonner, tour-
» noyer et étourdissent en même temps le poisson.

. . . . , .

» C'est un spectacle de les voir raser l'eau, s'éle-
» ver de quelques piques au-dessus, et tomber le
» cou raide et leur sac à demi-plein, puis se rele-
» vant avec efforts, retomber de nouveau et soutenir
» ce manége jusqu'à ce que cette large besace soit
» entièrement remplie; ils vont alors manger ou di-
» gérer à l'aise sur quelque pointe de rocher où
» ils restent en repos et comme assoupis jusqu'au
» soir. »

La faculté de soutenir longtemps son vol à l'aide de ses larges et puissantes ailes, son naturel susceptible d'éducation et d'attachement pour l'homme, l'immensité de son bec, la large poche qui lui sert

de garde-manger, tous ces caractères originaux devaient attirer l'attention des naturalistes et des voyageurs, et surtout des personnes d'une imagination
prompte à s'exalter devant l'extraordinaire. Aussi
le pélican n'a-t-il pas manqué d'historiens, et quelques-uns, comme il arrive toujours, n'ont pas craint
de donner comme vrais des faits que le bon sens
réprouve.

Je me défie de l'excès en toute chose, et pourtant
certaine croyance généralement et depuis longtemps
répandue ne me permet pas de douter du dévouement du pélican pour sa progéniture, mais sans affirmer, malgré tout mon respect pour saint Au-
gustin et saint Jérôme, que sa tendresse l'emporte
sur l'instinct de sa conservation.

Je n'ai point oublié la vive impression que j'é-
prouvai un jour à la vue d'un petit tableau qui repré-
sentait d'une manière touchante un pélican entouré
de ses petits s'abreuvant du sang qui ruisselait de
ses flancs déchirés. Je croyais alors à la vérité du
fait. L'âge et l'expérience ont emporté mes illusions;
je le regrette, car je voudrais encore y croire. Mais
je n'en rends pas moins hommage au pélican d'avoir
été le sujet d'un emblême qui lui fait tant d'honneur.

LE COQ.

———

Le coq est le plus commun de nos oiseaux domestiques. Les rapports de constante familiarité établis entre nous et lui depuis un temps immémorial,
ne permettent plus d'ajouter à son histoire, elle est
faite, elle est connue. Il n'y a pas d'habitation, si pauvre qu'elle soit, où on ne le voie. La nature l'a donné
à l'homme comme le chien, pour être son compagnon et son commensal, et dans ce pacte d'alliance,
le coq surpasse le chien par le sacrifice de sa per-
sonnalité; il nous appartient en entier pendant sa
vie et après sa mort.

Comme presque tous les gros oiseaux, le coq ne
chante point, il *vocifère* le jour et la nuit, et surtout

le matin on l'entend fréquemment; les accents de sa voix pénétrante retentissent au loin, on dirait qu'il jette des cris d'avertissement, dont les redoublements semblent annoncer les variations de température et l'approche des orages.

Le coq a les qualités du brave; impétueux, franc et loyal, il cherche la lutte, dédaigne la ruse, va droit à son adversaire qu'il combat toujours en face, en lui présentant la poitrine.

Les paysans, assez bons observateurs, ne le comparent point à un sultan, mais à un général, et cette comparaison ne manque pas de justesse.

Sa crête d'un rouge éclatant, tel qu'un panache destiné à orner sa tête et le dessous de sa gorge, sa démarche fière, un peu lourde et compassée, ses plumes effilées flottant en longs cheveux d'or sur son col et ses flancs, les longues plumes de sa queue, recourbées et balancées par le vent au-dessus de sa tête, lui donnent et rappellent cet air imposant et magnifique qu'affectent certains chefs d'armée les jours de parade. Un de nos poètes a fait du coq cette charmante peinture, qui selon un célèbre critique, ne laisse rien à désirer.

En amour, en fierté, le coq n'a point d'égal,
Une crête de pourpre orne son front royal;
Son œil noir lance au loin de vives étincelles,

Un plumage éclatant peint son corps et ses ailes,
Dore son col superbe et flotte en longs cheveux.
Sa queue, en se jouant du dos jusqu'à sa crête,
S'avance et se recourbe en ombrageant sa tête.

La Harpe ajoute : c'est peindre en vers, comme Buffon peint en prose, et cela est vrai.

Puissamment organisé, le coq voudrait être seul admis aux faveurs de ses nombreuses compagnes ; la présence d'un rival l'exaspère, du plus loin qu'il l'aperçoit il se rue à sa rencontre haletant de fureur, et lui livre des combats à mort. Cette fougue éclate dès le jeune âge. Aussi voyons-nous journellement deux jeunes coqs à peine crêtés, se tenir en arrêt le col tendu, vis-à-vis l'un de l'autre, se mesurer de l'œil, se plumer, se déchirer à coups de bec et d'ongles, et tomber d'épuisement et presque sans vie, après une lutte longue et acharnée : et pourtant soit qu'il pardonne des égarements à la faiblesse, soit qu'il s'élève au-dessus de l'outrage, il reste souvent impassible témoin d'innombrables infidélités.

L'homme qui abuse de tout, s'est fait un amusement cruel de cette humeur batailleuse. Les combats de coqs ont été pendant longtemps, et sont encore aujourd'hui, un spectacle plein d'attraits pour les populations de quelques pays.

Sa vigilance et son courage lui ont mérité l'honneur de figurer sur les enseignes de nos aïeux. Son nom se mêle aux événements les plus mémorables.

Par son chant, il annonce à l'apôtre la mort de notre Rédempteur, et les dernières paroles de Socrate expirant le rappellent au souvenir de ses disciples.

Les habitudes et les mœurs du coq ne sont pas toutes dignes d'éloge ; on peut lui reprocher d'être peu sensible aux devoirs de la paternité : il laisse à sa femelle tous les soins, toutes les fatigues de la couvée, et on ne le voit guère prévenir les dangers et combattre l'ennemi de sa progéniture. Toutefois, ses instincts généreux ne le quittent jamais complétement. Trouve-t-il la moindre nourriture, aussitôt par un léger gloussement, il en prévient et les petits et la mère, et la leur abandonne sans partage.

Il est difficile de décider si le coq est originaire de nos contrées, ou s'il y a été transporté de l'ancien monde. Peut-être accompagnait-il, dans leurs émigrations, les peuples de l'Asie et de l'Euxin, les Kimris et les Gaëls. Le mot latin *Gallus*, et le mot gaulois *Gal*, paraissent indiquer qu'il nous a été transmis par les peuples dont il rappelle le nom.

Il y a une grande variété de coqs, elles diffèrent

par la taille et les couleurs, mais les plus beaux sont
ceux dont les plumes du col et des flancs sont, comme
nous l'avons dit, d'un jaune doré, plus ou moins vif
et foncé, et qu'on rencontre le plus ordinairement
chez les habitants de nos campagnes.

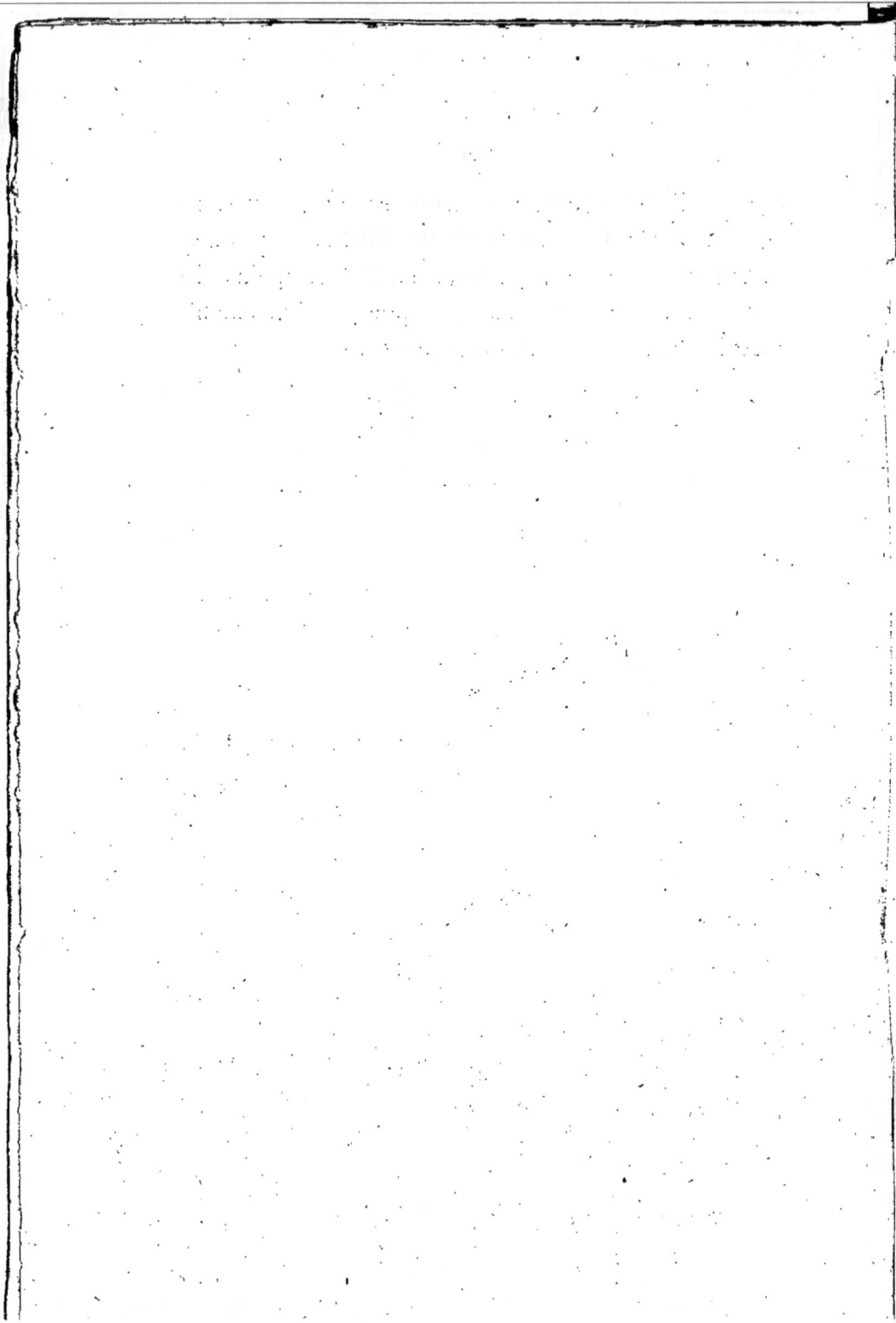

LE GRAND DUC.

Ainsi que tous les oiseaux de l'ordre et de la famille dont il fait partie, le grand-duc vit plutôt la nuit que le jour.

Il vient par hazard dans nos contrées, mais on ne le voit guère que dans les lieux sauvages et solitaires, voisins des forêts et des grands bois. Ce séjour sombre et silencieux lui convient, il y trouve d'ailleurs en plus grande abondance les animaux dont il se nourrit; le creux des rochers, les ruines d'une ancienne construction, lui servent de retraite.

Je n'ai pu observer cet oiseau que dans les musées et les ménageries, où il est ordinairement tenu renfermé dans une grande cage.

Son attitude presque toujours verticale, sa grosse tête surmontée de deux longues aigrettes, ses grands yeux fixes, aux larges prunelles entourées d'un cercle d'un jaune foncé, son immobilité, le silence qu'il observe, la lenteur habituelle de ses mouvements, qui tout à coup passent à la brusquerie, contribuent à donner au grand-duc une physionomie particulière et imposante.

Je dis imposante, peut-être me trompais-je, car ce mot éveille en moi de sérieuses réflexions, et dont je ne me doutais pas à l'occasion d'un grand-duc.

D'où vient, me suis-je demandé, en me représentant la gravité de cet oiseau ; d'où vient que certains airs accompagnés du silence impriment le respect et la crainte ? Serait-ce que par un retour sur lui-même, l'homme suppose à l'être silencieux et grave, un sentiment de supériorité et des pensées ennemies ?

La conscience me révélerait-elle que si je redoute la pénétration d'un regard scrutateur, c'est que je cherche à lui dérober les défauts inhérents à ma faiblesse ? En effet, pourquoi le craindrais-je ; pourquoi ce silence, pourquoi ce regard m'imposeraient-ils, si je n'avais de justes motifs de m'en inquiéter ? Oui, je le sens, l'inconnu inspire la crainte et le respect, et ce mystère est peut-être le frein salutaire que la divine sagesse s'est réservé contre l'orgueilleuse et imprudente témérité.

Et voilà qu'en me laissant aller au fil de cette digression philosophique, j'arriverais à conclure qu'il n'y a si mince objet dans la nature, qui ne puisse être pour nous la source d'un utile enseignement.

Le grand-duc n'est pas seulement remarquable par ses attitudes. La couleur sombre de son épais plumage décèle son existence nocturne, sa voix puissante et lugubre porte au loin la tristesse et l'effroi, son bec court et crochu, dont la base est enveloppée de longs poils, sa grande taille, son énergique structure, la force musculaire de ses longs doigts armés d'ongles noirs et crochus, annoncent ses instincs féroces, et qu'il est né pour l'attaque. Aussi fait-il une guerre meurtrière aux lièvres, aux lapins et à une foule d'autres animaux.

Aigle de la nuit, son repaire est un véritable charnier où il amoncèle les cadavres de ses victimes.

Avec de telles mœurs, le grand-duc a dû être le sujet de beaucoup d'histoires, et certes il n'est pas nécessaire d'être superstitieux pour être effrayé par l'apparition soudaine de cet oiseau dans le silence et l'obscurité de la nuit.

Ce que j'ai dit ailleurs sur les oiseaux de proie en général, je pourrais l'appliquer au grand-duc, ses caractères physiques et ses inclinations l'ont fait classer parmi ces oiseaux.

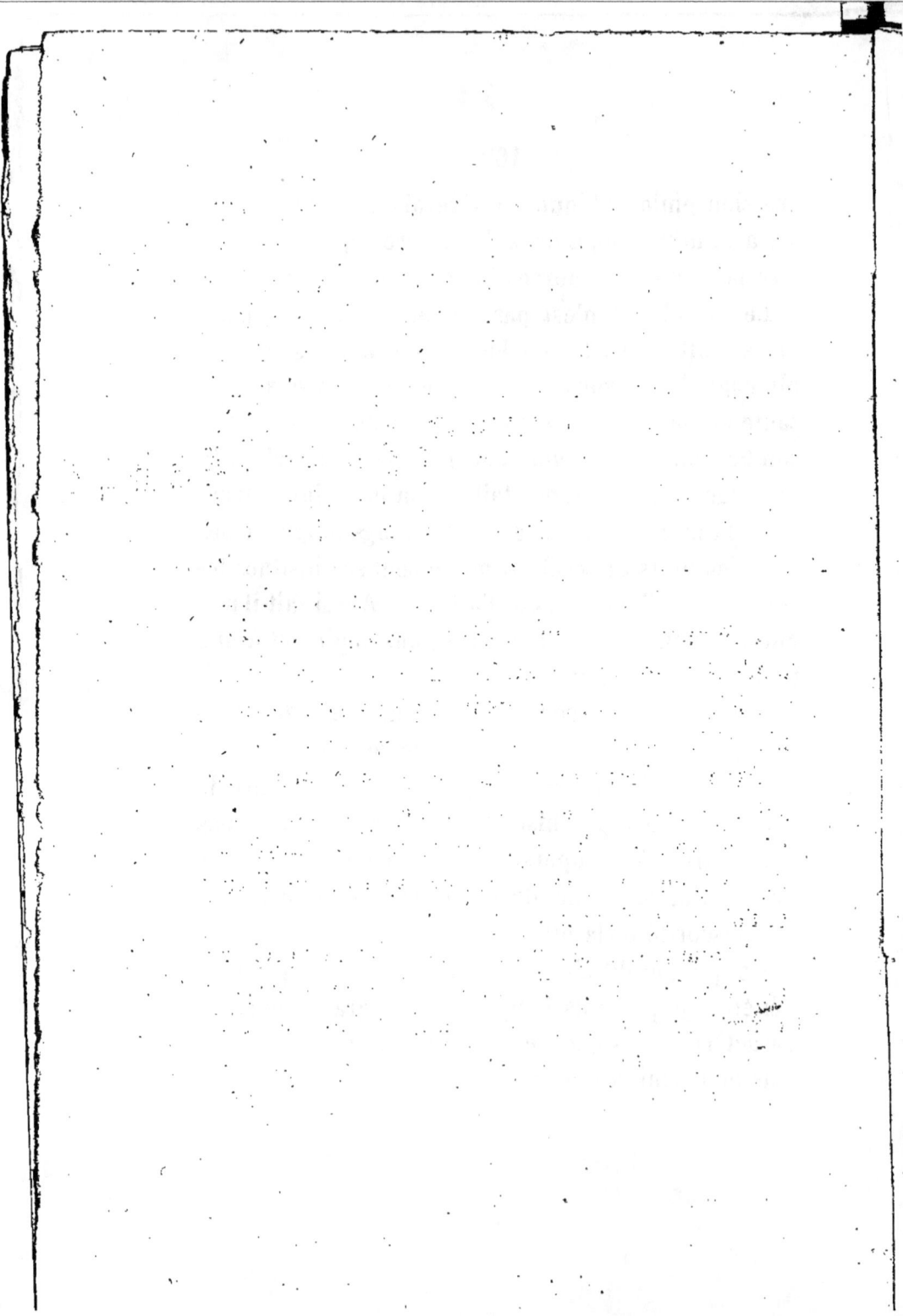

LE VANNEAU.

Le vanneau ne quitte guère les prairies; au printemps la femelle y dépose ses œufs sans beaucoup d'apprêt, et les petits éclosent et grandissent au milieu des herbes.

Il suffit d'entendre une fois le cri caractéristique de cet oiseau pour ne plus l'oublier, et si vous écoutez avec attention le bruit occasionné par le battement de ses ailes quand il presse son vol, vous comprendrez bien vite d'où lui est venu son nom.

A l'automne et pendant l'hiver les vanneaux se réunissent et volent par bandes sans s'élever jamais beaucoup au-dessus du sol. Leur vol se distingue de celui des autres oiseaux par un mouvement particulier, ordinairement lent et saccadé; leurs ailes arrondies vers les extrémités en sont probablement la cause.

J'ai souvent observé le vanneau lorsqu'il vient pour chercher les vers et les insectes sur les prés nouvellement fauchés. D'abord il reste immobile, puis tout à coup il marche à pas rapides et s'arrête soudain, becquète le vers ou l'insecte qu'il avait aperçu, reprend son immobilité pour se précipiter de nouveau à la recherche de sa nourriture.

Il veille sans relâche sur sa couvée. A votre approche il voltige autour de vous, au-dessus de votre tête, en jetant des cris d'anxiété, et ne vous quitte qu'autant qu'il vous juge assez éloigné pour ne plus lui inspirer de crainte.

Les formes du vanneau sont assez gracieuses, cependant il plaît moins lorsqu'il vole que quand il est à terre, j'en ai dit la raison, et puis lorsqu'il marche l'on distingue mieux l'élégante aigrette qui orne sa tête et les reflets irisés de son joli plumage.

Il s'habitue assez facilement dans les jardins, où nous le gardons pour faire la chasse aux vers et aux insectes, et bien que dans cet état de quasi-domesticité il soit facile de l'observer, je n'ai vu ni entendu raconter aucun fait remarquable de cet oiseau. Au dire de tous les observateurs, le cercle de son intelligence est très restreint.

L'AIGLE.

—

Il n'est personne qui, après avoir considéré cet oiseau, ne se rappelle les comparaisons dont les diverses parties de son corps ont été le sujet. A qui n'est-il pas arrivé de dire : Il crie comme un aigle, il a des yeux, un nez, une figure d'aigle, etc., etc. En effet, tout est saillant et nous frappe dans le physique de l'aigle, l'énergie de son regard, la fierté de ses attitudes, la courbure de son bec, ses doigts nerveux armés d'ongles acérés, les mouvements brusques et soudains de sa tête, la rudesse de ses plumes et surtout les infatigables ressorts de ses longues ailes; lui-même semble avoir conscience de sa vigoureuse organisation.

Sa vue est si pénétrante, dit Buffon, qu'il *voit d'en*

haut et de vingt fois plus loin une alouette sur une motte de terre, qu'un homme ou un chien peuvent l'apercevoir. Du haut des airs il tombe comme la foudre sur les animaux dont il fait sa proie, et s'il est vrai que le sentiment du beau nous arrive principalement par le sens de la vue, l'aigle devrait le posséder au suprême degré.

Représentez-vous par un de ces beaux jours d'été, lorsqu'un air pur et un ciel sans nuages permettent à la lumière de se répandre dans l'espace et de mettre en relief tous les objets qu'elle éclaire, représentez-vous, dis-je, par un de ces jours, un aigle planant dans le ciel à perte de vue, et figurez-vous, s'il est possible, le spectacle grandiose qu'il embrasse de ses regards projetés sur le cercle immense dont il est le centre.

Ajoutez que par la rapidité de son vol il peut en quelques secondes changer ses horizons, et contempler en un instant les effets sublimes des contrastes les plus variés, et comme je vous suppose sensibles aux grandes scènes de la nature, dites-moi en conscience si vous ne lui portez pas envie.

Et vous, bons Parisiens, grands amateurs de petits voyages, vous touristes et romanciers que j'ai vus haleter, souffler et suer de tout votre corps lorsque vous gravissiez quelque rocher des Alpes ou des

Pyrénées dans l'espoir d'y trouver un point de vue qui devait vous offrir le texte d'une interminable description, dites-moi, si cet oiseau pouvait vous entendre et vous lire, que penserait-il de vos récits? Ah! je me le suis souvent demandé, je m'en doute, mais je ne puis vous le dire.

Comme exemple de la vigueur de son vol, voici un fait qu'un de mes amis, qui voyageait pour affaire dans la haute Italie, m'a raconté plus d'une fois.

C'était, me dit-il, dans les jours du mois de mai, j'étais à cheval et je me rendais à Gênes en suivant une vallée des Apennins; l'air était très calme et le ciel transparent, mes regards se dirigeaient instinctivement vers la crête des montagnes que le soleil dorait de ses premiers feux. Sur la cime d'un grand chêne isolé et fort éloigné j'aperçus un oiseau de haute taille; j'avais à peine eu le temps de penser à un aigle qu'il passa à peu de distance, et devant moi; il rasait presque la terre et ses ailes étaient pliées. Je vous le jure, je crus voir un énorme projectile et entendre son sifflement. La compression de la masse d'air qu'il déplaçait par l'impétuosité de son vol était telle, qu'au moment de son passage j'éprouvai une secousse qui me fit chanceler, et mon cheval s'arrêta.

C'était un aigle de mer, un orfraie, oiseau assez

5 *

commun dans ces contrées, que j'ai eu moi-même occasion de voir pendant mon séjour dans la même ville.

Assis sur le flanc des montagnes, et quelquefois sur le bord du rivage où je me rendais chaque jour pour contempler les ravissantes beautés du paysage, je ne me lassais pas d'observer quelques-uns de ces oiseaux, je suivais des yeux avec un plaisir indicible la majesté silencieuse de leur vol, et j'épiais le moment où, de quelque point de ces orbes gigantesques qu'ils décrivaient avec tant d'élégance, je les verrais tout à coup fermer leurs ailes et descendre comme un bloc sur la mer, s'y enfoncer, puis en sortir en enlevant dans leurs serres une riche capture. Je n'ai pas eu le bonheur d'être témoin de cette chasse, et cette déception est classée depuis longtemps au rang de mes plus amers regrets.

Buffon a dit, et j'ai redit après lui, que ces oiseaux étaient les rois de la nature, je dirai encore ici avec lui que l'aigle est le roi des oiseaux. Mais comme tous les êtres doués de puissantes facultés et dont les instincts impérieux ne souffrent nul obstacle, l'aigle vit en despote, il ne permet à aucun autre de ses pareils de franchir les limites de son territoire, et veut exercer sans partage son tyrannique empire dans le vaste domaine qu'il s'est choisi.

Il paraît être originaire de tous les pays, on le voit dans l'ancien et le nouveau monde à différentes latitudes, où il habite de préférence les lieux solitaires et les pays montueux, parce que là, sans doute, il peut se livrer plus sûrement à ses dépravations, et plus facilement à l'exercice de son puissant regard.

Son nid, auquel on a donné le nom d'*aire*, est, selon les naturalistes, comparable à un vaste plancher posé sur de longs bâtons, et *assez ferme*, dit l'un d'eux, non seulement pour soutenir l'aigle, sa femelle et ses petits, mais pour supporter encore le poids d'une grande quantité de vivres. On assure qu'il enlève et porte aisément jusque dans son aire des oies, des lapins, des lièvres, et même des chevreaux et des agneaux.

Je ne m'étendrai pas davantage sur les mœurs de l'aigle, je ne parlerai point de ses diverses espèces, parce que, à quelque exception près, toutes ont les mêmes habitudes et les mêmes instincts, et d'ailleurs de tous les oiseaux remarquables l'aigle est celui que les naturalistes ont le plus étudié.

Les anciens avaient donné le nom d'*oiseau céleste* au grand aigle. Son caractère altier, son courage et la magnanimité dont on le croit susceptible lui ont mérité d'être comparé au lion.

Les nations guerrières et les conquérants (par une
sorte d'attraits sympathiques) l'ont souvent choisi
comme le symbole de leur valeur et ont surmonté
leurs enseignes de son image en signe de leur puissance ; à son tour l'allégorie s'en est emparée et nous
le représente aux prises avec la foudre qu'il maîtrise
par la vigueur de ses pieds formidables.

Enfin, le maître des dieux l'a appelé près de lui
pour lui confier la garde de l'Olympe.

LE VAUTOUR.

—

L'aspect du vautour est repoussant; la bassesse de ses instincts, son nom même inspirent le dégoût.

Après un combat meurtrier, les vautours dont l'odorat est très subtil, arrivent par nuées sur le champ de bataille; on sait l'horrible festin qu'ils y viennent faire, je n'en parlerai pas.

Avec son col pelé, sa taille voûtée, son regard éteint et stupide et son odeur infecte, ce vil et lâche habitant des charniers ne mérite guère que le silence et le mépris.

Que d'autres, s'ils le jugent à propos, s'étendent plus longuement sur ses goûts révoltants; pour moi, je n'ai pas ce courage.

LE PINSON.

Autrefois j'ai beaucoup pratiqué cet oiseau, et pourtant, jusqu'à présent, je ne n'ai pu me rendre compte de cette locution proverbiale : *gai comme un pinson*. En effet, le pinson ne donne pas plus que d'autres des marques d'une gaîté manifeste ; les accents de sa voix ne sont ni plus vifs, ni plus joyeux que ceux d'une foule d'autres petits oiseaux. Serait-ce que quand il a perdu la vue il conserve plus long-temps son chant printanier ? serait-ce que bâtissant son nid auprès de nos habitations, sur les arbustes de nos jardins, nous l'entendons souvent chanter, et que perché sur le sommet d'un grand arbre il s'y fait entendre durant des heures ? je ne sais. Serait-ce enfin une banalité ? je serais porté à le croire.

Quoiqu'il en soit, le pinson mérite notre affection,

il aime à vivre près de nous. Toujours propret et de gentille allure, sa vue nous plaît.

J'aurais bien à lui reprocher, ainsi qu'à la mésange, l'ébourgeonnement de nos arbres fruitiers. De plus, son nom nous apprend que parfois il fait un usage par trop sévère de son bec, mais on oublie facilement ces petits écarts, d'ailleurs bien pardonnables, car ils ne vont guère au-delà d'une légitime défense.

Tout le monde connaît l'ardeur et le soin qu'il apporte à la construction de son nid, et combien ce petit édifice est délicieusement contourné. Sa fidélité, sa tendresse paternelle sont à toute épreuve. On ne peut entendre sans en être touché, les accents lamentables que lui arrache la perte de ses petits:

Quos durus arator,
Observans nido implumes detraxit.

Le plumage d'un pinson mâle n'est point éclatant, c'est un heureux mélange de toutes les couleurs qu'il faut étudier et voir de près; le gris de fer, le bronze clair, le rose vineux, sont les nuances qui dominent; elles sont si bien fondues et si artistement nuancées, qu'elles charment l'œil par la douceur de leur teinte. La nature nous donne ici encore une preuve de son inépuisable fécondité dans l'infinie variété de ses œuvres.

Le pinson dont je parle est originaire de nos climats, il n'émigre pas, et reste avec nous pendant l'hiver. Dans cette saison rigoureuse, il se fait le compagnon du moineau franc ; on le voit presque toujours avec lui, autour des paillers, dans les basses-cours, et souvent il pénètre dans nos demeures par les grands froids, afin d'y dérober quelques grains ou des miettes de pain.

Lorsque la chasse, connue sous le nom de *brète*, était permise, le pinson occupait le premier rang parmi les oiseaux chéris des *bréteurs*, il a fait pendant longtemps les délices de nos pères et les nôtres. Aujourd'hui que cette chasse est défendue, il est tombé dans le domaine de l'indifférence, c'est un oiseau déchu. Tant de choses à la vérité ont passé qui reparaissent, qu'un jour, sans doute, lui aussi reparaîtra dans tout l'éclat de son antique célébrité.

LE LORIOT.

—

C'est un bel oiseau que le loriot, il est encore plus élégant qu'il n'est beau ; mais ne le regardez pas quand il vole, car infailliblement il vous déplaira ; et si la singularité caractéristique de son chant n'a rien d'agréable, en revanche, vous ne pouvez contempler sans en être ravi, l'admirable disposition de son nid. Il n'y a personne, assurément, qui n'ait éprouvé en l'examinant le désir de voir l'oiseau construire ce charmant édifice. On voudrait savoir comment il s'y prend pour attacher à l'extrémité d'une branche les quatre brins de fil qui supportent ce berceau aérien.

Est-ce avec le bec et les pattes, ou les pattes seu-lement, qu'il les a noués, allongés, tordus et si solidement fixés que les plus furieuses tempêtes n'y peuvent rien, encore qu'il soit placé au sommet des plus grands arbres.

Les docteurs ne verraient-ils là qu'un acte de pur instinct! En ce cas, qu'ils me permettent de le dire, l'instinct qui vous enseigne à croiser deux fils, à les nouer à une branche par leur extrémité ; l'instinct qui vous apprend à suspendre votre demeure et celle de toute votre famille sur le point d'intersection de ces fils, visiblement d'aplomb et avec une solidité à l'épreuve des tempêtes, cet instinct, dis-je, pourrait bien avoir quelque ressemblance avec le génie..... Oh ! je vois venir l'objection. Votre ingénieux architecte a-t-il jamais rien modifié, et jusques à la consommation des siècles, ne sera-ce pas toujours le même ouvrage, rien de plus, rien de moins. Eh bien, soit ; je l'accorde, mais je demande à mon tour, est-ce que l'animal dont une école s'obstine à proclamer la perfectibilité, a beaucoup transformé ses œuvres depuis qu'il s'agite ici-bas? Regardez-le pris dans le cercle infranchissable où Dieu l'a circonscrit, vous constaterez des allées et venues, des variations, des modifications, des tâtonnements pour arriver au but qu'il se propose, puis il ne l'aura pas plutôt atteint que vous le verrez revenir par les chemins qu'il aura parcourus. Croyez-vous que la perfection soit réservée

aux âges futurs ? Non, sur ce point comme sur tous
autres, je crois au laconique et prophétique langage
de Châteaubriand : *Le passé prédit l'avenir.*

Toute la différence est du plus au moins. Certes,
l'intelligence de l'homme est infiniment plus étendue
et plus variée que celle de tout autre animal ; qui peut
le nier ? mais quoi ! parce que celui-ci arrivera tout
d'un coup à la perfection, vous ne verrez en lui
qu'une machine ; parce qu'il ne se dégoûtera pas d'une
œuvre parfaite, vous lui refuserez l'intelligence de
savoir qu'il a fait, et bien fait ? Par ma foi, je ne vous
comprends pas, et je vous dirai ma pensée tout entière. Qu'appelez-vous un chef-d'œuvre ? N'est-ce pas
le produit du bon sens, du goût et de la raison ?
Comment qualifiez-vous son auteur ? ne dites-vous
pas que c'est un être intelligent et raisonnable ; et si
cet être intelligent ne fait et ne peut faire parfaitement qu'une seule chose, ne dites-vous pas qu'il a
une vocation, une spécialité, mais qu'il ne peut aller
au-delà ? Entendez-vous dire, en vous exprimant de
la sorte, qu'il agit par instinct ? Je ne le suppose
pas ; autrement l'instinct serait tout simplement le
génie, mais le génie restreint. Oui, telle est la conséquence forcée où nous conduit une manière de
voir généralement admise. Qu'en pensez-vous ?
mettre le génie presque sur la même ligne que l'ins-

6

tinct, n'est-ce pas le comble du ridicule et de l'absurde? Absurde et ridicule tant qu'il vous plaira. Eh
bien, pensez-y! et vous verrez que cela pourrait
bien être la vérité.

Si le lecteur était tenté de me reprocher cette
trop longue digression, je le prierais de considérer
qu'il est bien difficile, dans un sujet comme celui-
ci, de ne pas se laisser attirer par certains points
d'attache communs à tous les êtres, l'homme y compris.

Le loriot est comme le merle, dont il rappelle et
la taille et les formes, extrêmement curieux. Voulez-
vous éprouver sa curiosité, placez-vous contre un
arbre, n'importe à quelle heure du jour, et même
sans trop de précaution; percez une feuille de lierre,
faites jouer cet appeau, il sera bientôt arrivé, se per-
chera près de vous en jetant des cris.

Mais qu'ai-je dit là? Quel conseil, quel enseignement vous ai-je donné, cher lecteur? Je dois m'en
repentir, et d'avance plaindre le pauvre oiseau, si
vous êtes chasseur et surtout *empailleur*. Mais non,
vous êtes un bon et sérieux ornithophile, et si le loriot
mange toute sorte de fruits, s'il a une passion pour
les cerises et les figues, c'est aussi un mangeur insatiable de chenilles, — vous l'épargnerez.

LE PERROQUET.

———

Aucun oiseau n'est comparable au perroquet pour la puissance et la fidélité de la mémoire ; nul ne reproduit et n'imite aussi bien la parole humaine ; et cette double faculté, qu'il possède au suprême degré, a été, je n'en doute pas, la principale cause de l'engouement d'un grand nombre de personnes pour cet oiseau.

Il fut un temps où l'on ne pouvait, je ne dirai pas traverser une ville, mais passer dans une de ses rues, sans entendre des perroquets. Habiles à saisir et à rendre toute sorte de langage et les diverses inflexions de la voix, les uns vous jetaient au passage des cris à percer le tympan, d'autres vous effrayaient en aboyant comme des chiens déchaînés ; ceux-ci vous lançaient à la face, en ricanant, les plus sales paroles, ceux-là vous agonisaient, et presque tous terminaient leur apostrophe par d'abominables jurements ; et d'ordinaire, toutes ces gentillesses étaient débitées avec un tel accent de vérité, un tel excès d'audace et d'insolente provocation, que ces innocents mystificateurs recevaient bien souvent les châtiments dus à leur précepteur.

Ce temps n'est plus, et si la mode du perroquet n'est pas encore entièrement passée, elle est au moins sur son déclin. Reviendra-t-elle? j'espère que non, et je fonde mon espérance sur ce que, si bon et si franc parleur qu'il soit, le perroquet ne jouit d'aucune autre distinction qui le rende intéressant. Il n'est, je crois, ni franc, ni bon ; il mord et griffe en riant, et malgré le sourire approbateur de ses amis lorsqu'il se livre à ses ébats, j'ai toujours trouvé que ses mouvements étaient dépourvus de grâce. Il vole péniblement, marche comme s'il avait des entraves, et c'est à la manière des chenilles qu'il se hisse contre le bois qu'on a coutume de lui donner pour lui servir de perchoir.

Cependant, je le confesse, il me plaît quand il mange ; impossible de mieux dépecer et creuser un fruit, et de dégager une amande de sa coquille avec plus de dextérité. Dans cette opération, son

bec et sa patte fonctionnent avec une aisance sans
égale. Il est vrai que l'un et l'autre outil ont une
conformation spéciale et qu'on ne trouve chez aucun
autre.

A l'occasion du perroquet, je dois insister sur une
remarque : c'est que les oiseaux doués de la faculté
d'imiter la parole, sont tous ou presque tous de
tristes chanteurs. Le geai, la pie, le sansonnet, le
corbeau, le bouvreuil, etc., qui tous, à des degrés différents, ont reçu de la nature cette faculté imitative,
n'ont, on peut le dire, que des cris et point de
chant.

D'où vient cela? Eh, mon Dieu! dira-t-on, c'est
tout simple; ceux-ci chantent, sifflent des airs et ne
peuvent parler; ceux-là parlent et ne peuvent chanter parce que leur organisation est différente, et
qu'ils ne réunissent pas comme l'homme toutes les
conditions pour être, ainsi que lui, un animal éminemment parleur et chanteur. Rappelez-vous d'ailleurs les explications de Buffon : « *Les oiseaux imi-*
» *tateurs,* dit-il, *qui ne chantent pas, ont moins de*
» *mémoire, moins de flexibilité dans les organes et*
» *le gosier aussi sec, aussi agreste que les oiseaux*
» *chanteurs l'ont moelleux et tendre. Ceux qui ont*
» *plus éminemment que les autres cette faculté d'i-*
» *miter la parole, doivent avoir le sens de l'ouïe et*

» *les organes de la voix plus analogues à ceux de*
» *l'homme.* » Oui, Buffon a dit cela, je le sais; et
qu'en voudrait-on conclure? Que la question est ré-
solue? Certes, Buffon peut faire autorité sur bien des
points; souvent j'admire et respecte son génie; mais
ici, en vérité, je ne puis m'incliner.

Et puis, est-il bien prouvé que les oiseaux chanteurs ont plus de mémoire que les oiseaux parleurs,
et qu'il faille un effort de mémoire plus grand pour
retenir et répéter des airs, que des phrases? Non-
seulement le doute à cet égard me semble très
permis, mais encore je crois l'opinion contraire
fort soutenable et très admissible. Au reste, Buffon
n'est point affirmatif en ce cas et n'émet son opinion
que sous forme dubitative. Ah! sans doute; pour
bien faire une chose, il est essentiel d'être organisé
en conséquence, et si probable que soit la supposi-
tion de notre grand naturaliste, elle n'a point cependant le caractère d'une démonstration. Pour qu'il en fût
ainsi, il aurait fallu que Buffon nous eût donné une
analyse complète et explicative de la cause de cette
différence d'aptitude; il aurait fallu, en un mot, que
par une étude comparative de l'organisation des
oiseaux chanteurs et imitateurs, il nous eût montré
ce qui fait que les uns parlent et ne chantent pas,
tandis que les autres chantent sans pouvoir parler.

C'est assurément ce qu'il n'a point fait. L'explication reste donc encore à donner. Qui la donnera? Je l'ignore. Au surplus, je livre ce problême à l'esprit investigateur des physiologistes et des ornithologues, bien convaincu qu'ils répondront à mon attente et ne tarderont pas à satisfaire une impatiente et légitime curiosité.

OISEAUX!

Je m'aperçois que la source de mes souvenirs commence à s'épuiser. J'avais pendant quelque temps suspendu mon travail; maintes fois pour le reprendre, j'ai interrogé ma mémoire, elle est restée muette. Le moment est venu, je pense, d'avoir avec vous un mot d'explication.

Si dans le cours de ma narration, je me suis montré sévère à l'égard de quelques-uns des membres de votre nombreuse famille, vous ne devez pas me le reprocher, ils m'en ont donné le droit, et puis, je l'ai déjà dit, la vérité, la justice, et enfin la morale m'imposaient ce devoir. Puisque je signalais vos qualités, je devais relever vos défauts. N'était-ce pas d'ailleurs la meilleure preuve de ma franche amitié?

Ce n'est pas sans inquiétude que je livre à la publicité les observations dont vous êtes le sujet. Quoiqu'il en soit, j'ai déjà reçu la plus douce récompense de mon œuvre, dans le plaisir que j'ai toujours eu en parlant de vous.

Chantez en paix, mes très chers, croissez et multipliez *tous* pour le bonheur de vos nouveaux amis et pour le vôtre. Quant à moi qui vous observe de près, sans parti pris, et vous connais de longue date, j'ai fait mes réserves et j'y tiens.

Nous nous reverrons, oiseaux, vous reviendrez me distraire et charmer de temps à autre mes loisirs; au revoir donc, je ne veux pas vous faire un dernier adieu.

Avant de finir, je veux soumettre au lecteur quelques réflexions sur la *chasse*, et lui offrir, pour le remercier de la complaisance qu'il a mise à me lire, un souvenir de voyage, suivi d'une autre petite anecdote. J'espère qu'il ne m'en saura pas mauvais gré.

LA CHASSE.

———

L'homme par un instinct de conservation, je veux le croire du moins pour son honneur, est né destructeur et despote.

Voyez l'enfant! il peut à peine se soutenir et faire un pas, que déjà il cherche à s'emparer de tout ce qu'il voit. Est-il dans un jardin? les fleurs fixent ses regards, il appelle sa bonne du geste et de la voix, et par un signe impératif il lui indique la rose qu'il désire; si elle ne le comprend ou ne veut lui obéir, aussitôt il crie et trépigne, puis furieux il saisit d'une main convulsive l'objet de sa convoitise, et s'il parvient à le briser, il vous le montre d'un air de triomphe, et l'œil brillant de joie.

Dans un âge plus avancé, il livre une guerre incessante aux insectes, et surtout aux oiseaux; habile et intrépide dénicheur il fait main basse sur toutes les couvées qu'il rencontre, et bientôt devenu maître dans l'art de dresser des piéges, il sait les diversifier, les approprier aux mœurs, aux habitudes, aux instincts des malheureux qu'il veut attraper. Que d'alouettes, ces délicieuses chanteuses printanières, viennent perdre chaque année la liberté ou la vie sous le collet, le filet et les reflets trompeurs du miroir !

A propos d'alouette, je ne sais quel poète a dit :

Même quand l'oiseau marche on voit qu'il a des ailes.

Cette pensée si joliment exprimée n'est vraiment applicable qu'aux oiseaux qui ne perchent pas. Observez le moineau, la pie, la grive et tant d'autres lorsqu'ils sont à terre; quelle différence entre leur allure et celle, par exemple, de l'alouette et du hoche-queue ! Ceux-là sautillent assez gauchement, ceux-ci, au contraire, manœuvrent leurs petites pattes avec une telle prestesse que l'œil suit à peine la rapidité de leurs mouvements, ils semblent plutôt glisser que marcher. Et à quel chasseur n'est-il pas arrivé de courir à perdre haleine après une perdrix blessée à l'aile, et qui lui aurait infailliblement échappé, si le chien n'était venu le seconder dans sa poursuite.

Je reviens à mon sujet et je dis qu'un oiseleur est insatiable, que plus il prend plus il veut prendre, que le besoin de satisfaire sa passion le rend implacable et cruel ; or, comme il a bien vite appris qu'un pauvre aveugle cherche à se consoler par des chansons de la privation de la vue, il porte impitoyablement le fer brûlant sur les yeux de la victime qu'il a choisie pour être le complice de ses perfidies. Qui n'a pas assisté à cette chasse aux petits oiseaux, connue dans notre pays sous le nom de brête? quel *bréteur* ne s'est pas vanté de posséder le meilleur pinson aveugle, cette âme de la brête? Quel jeune collégien n'a pas senti son cœur battre en voyant des bandes de linottes et de jolis chardonnerets voltiger au-dessus des buissons, et ne s'est exposé maintes fois à se rompre le col en courant pour s'emparer des imprudents qui s'étaient perchés sur les gluaux? Et j'en appelle à la bonne foi des hommes faits, et de toutes les conditions, sans en excepter le philosophe, ni même le ministre des autels ; ne se sont-ils jamais complus à contempler les malheureux êtres emplumés qu'ils avaient réduits en esclavage, ou placés à la file dans de longues baguettes fendues après les avoir tués, surtout quand ils pouvaient les compter par centaines?

Qu'ils me répondent négativement s'ils l'osent, et

qu'ils me disent enfin si, dans leur impatience, et comme tourmentés d'une sorte de frénésie, il ne leur est pas fréquemment arrivé de se lever plusieurs fois durant la nuit et de courir à la fenêtre pour s'assurer si l'heure n'était pas venue de se mettre en marche et de dresser les engins.

Mais l'enfant a grandi, jeune homme il lui faut des plaisirs plus violents que le miroir, la brête ou la pipée. La chasse à courre et au tir le réclame, il y pense le jour, il y rêve la nuit, et cette arme terrible que l'homme s'est ingénié depuis des siècles à rendre de plus en plus meurtrière, est pour lui le sujet d'une invincible préoccupation, il n'aura de repos que s'il la tient. Fier de la posséder, il la contemple sous toutes les faces, il l'embellit, il la décore comme un précieux joyau ; et quand enfin le moment si impatiemment attendu est arrivé, bondissants de joie, lui et son chien, et pleins d'espérance l'un et l'autre, ils s'élancent dans la plaine. Oh! alors que d'émotions, que de péripéties se succèdent et qui feront plus tard la matière inépuisable de joyeux récits ! Pour moi, je l'avoue, j'éprouve encore une joie vive et secrète au souvenir de ces jours heureux où les perdrix et surtout les cailles foisonnaient, où un coup n'attendait pas l'autre. Il me semble encore être dans un de ces délicieux moments où le chasseur et le chien, le serviteur et le maître, devenus de vrais amis, se félicitent par des transports de joie et de mutuelles caresses, d'être heureux l'un par l'autre.

La chasse a-t-elle été fructueuse, le jeune chasseur revient-il avec une gibecière copieusement garnie; que les amis, s'ils sont présents, que les parents s'empressent de l'entourer s'ils veulent le voir dans l'enivrement de son bonheur et de sa gloire; malgré un sentiment d'héroïque modestie qu'il affecte en étalant, sans mot dire, tout son gibier sous vos yeux, soyez sûr qu'il saura interroger vos regards pendant cette opération silencieuse, afin d'y surprendre l'étonnement et l'admiration, car le chasseur est rarement philosophe, il aime la louange et qu'on le félicite sur son adresse. J'en ai connu que l'amour-propre rendait stupides, et que le dépit d'avoir été ou moins heureux ou moins adroits que leurs camarades jetait dans un véritable désespoir.

Sommes-nous donc sur cette terre pour exercer sur les autres animaux un tyrannique empire?

Quoiqu'il en soit, nous devons le reconnaître, parmi nos plaisirs les plus vifs la chasse occupe incontestablement une des premières places. Tous ou presque tous nous l'avons aimée avec passion, et lorsque l'âge nous a glacés, que le corps devient pesant, que les jambes nous refusent le service, nos aventures de chasse sont encore la source où nous allons puiser nos plus agréables souvenirs.

Comme tant d'autres je pourrais placer ici le récit d'un nombre fort raisonnable d'histoires de chasse, où l'extraordinaire, le comique et l'imprévu semblent se le disputer, mais je ne me sens pas le courage d'aborder une aussi vaste matière, et d'ailleurs, je l'avoue, plus d'une crainte me retient. Je n'aurais pas terminé une ou deux de mes narrations que je croirais entendre une voix s'écrier : A moi aussi il m'est arrivé de ces traits; qui n'a pas ses aventures et des meilleures à raconter ! Décidément le chasseur est un fastidieux conteur, un rabâcheur. Je laisse donc à d'autres plus habiles que moi cette tâche délicate et périlleuse.

SOUVENIR DE VOYAGE.

ANECDOTES.

Tout le monde connaît la charmante fable de La Fontaine, dans laquelle il nous fait voir un pauvre poltron de lièvre tout fier d'épouvanter des grenouilles. Ce n'est point une fable que j'ai à raconter moi, mais une véritable historiette, où certain lièvre a joué un rôle encore plus éclatant, et je la raconterai avec d'autant plus d'exactitude que j'en suis le principal acteur.

Dans un voyage que je fis en Italie, j'habitai Rome pendant deux mois. Souvent durant mon séjour, il m'arriva de quitter momentanément cette ville pour parcourir ses environs. C'était le jour où j'avais projeté de visiter la petite ville de Tivoli, jadis le séjour et les délices de tant d'hommes célèbres, dont les habitations, on peut le dire, n'existent plus, hélas! que dans le souvenir.

Un ami m'accompagnait dans cette excursion, et nous touchions au terme de notre voyage, lorsqu'une forte odeur de soufre répandue dans l'air nous annonça qu'un petit lac, nommé la *Solfatara*, était près de nous. Effectivement nous ne tardâmes pas à rencontrer le ruisseau sulfureux qui s'en échappe, pour aller se jeter dans le Teverone, après avoir traversé la route.

A cet endroit je me séparai de mon compagnon qui se rendit directement à Tivoli, et seul je suivis pendant quelque temps, à travers un taillis, le cours de ce ruisseau dans le désir de recueillir, comme souvenirs, de jolies incrustations que l'on rencontre fréquemment sur ses bords.

Il n'y avait pas un quart d'heure que je cheminais en faisant mes recherches, lorsque j'entendis un bruit sourd et caverneux. Le sol volcanique des environs de Rome est miné presque de tous côtés par les feux souterrains; je le sentais trembler sous mes pas, et j'aurais pu croire à un tremblement de terre si ce bruit n'avait été accompagné du son d'une multitude de clochettes fêlées. Tout à coup je vis arriver, au pas de course et la queue en trompette, un immense troupeau de bœufs; parvenus près de moi ils s'arrêtèrent, formant un demi-cercle et paraissant délibérer; *leurs fronts larges étaient armés de cornes démesurément longues.*

A cet aspect, je restai muet de terreur, et faisant un effort sur moi : Allons! dis-je, si notre mort doit être sans éclat, tâchons au moins de mourir en brave!

Et comme si je me fusse adressé à des bandits : Misérables! m'écriai-je de toute la force de mes poumons, et je me lançai sur eux le bâton à la main. A cette apostrophe méritée, les lâches tournèrent le dos, et se mirent à fuir avec la même vitesse qu'ils étaient venus.

Peut-être ce coup d'audace et d'héroïque désespoir va-t-il m'attirer l'éloge du lecteur. Qu'il attende!

Je revenais tout ému, et l'imagination si fortement ébranlée, que frappant machinalement avec mon bâton sur un buisson, j'en fis sortir un lièvre magnifique que je pris pour un bœuf, et il était déjà loin que je frissonnais encore.....

Cependant ces bœufs, cause d'une frayeur si grande, sont comme les nôtres d'un naturel lent et doux, mais la liberté qu'on leur donne, et l'indépendance absolue dont ils jouissent pendant plusieurs mois, les rendent sauvages et farouches.

Leur grande taille, la couleur de leur poil, généralement d'un gris presque blanc, la longueur extraordinaire de leurs cornes étaient des caractères nouveaux pour moi, et si la fiction m'était permise comme aux poètes, je dirais qu'on pourrait les prendre pour les vieux parents de ceux qui habitent certaines contrées de notre France; mais je ne suis pas poète, j'ai seulement quelquefois observé. J'ai donc cru remarquer que les animaux de cette race, qui se distinguaient par leur haute stature, l'envergure de leur cornes et la grandeur de leur charpente osseuse, vivaient ordinairement au milieu de pâturages dont les fourrages sont abondants et aqueux.

La chimie nous apprendra peut-être, si elle ne nous apprend déjà, que ces végétaux contiennent en plus grande proportion que d'autres les éléments propres au développement de ces parties de l'animal.

Puisque je tiens le lièvre, je ne veux pas le lâcher avant d'en avoir parlé encore quelque temps, et je ne voudrais pas non plus passer sous silence une seconde aventure, assurément peu croyable, pourtant vraie et bien digne d'un récit.

Après avoir recueilli mes souvenirs, interrogé un
grand nombre d'amis, enfin après de savantes et la-
borieuses recherches, j'ai reconnu et constaté que
la vie d'un lièvre était une suite non interrompue
d'accidents bizarres plus ou moins intéressants,
quelquefois tristes et presque toujours comiques;
que tout chasseur, tout habitant des champs, avait au
moins une histoire de lièvre à raconter, histoire où,
quelle que soit d'ailleurs l'habileté du conteur, vous
êtes sûr de trouver un côté plaisant. Or, comme je
suis grand partisan des causes secondes, j'ai conclu
de toutes mes élucubrations philosophiques que cette
innocente bête avait été placée sur la terre, comme
la perdrix, pour satisfaire les barbares plaisirs de
l'homme, exercer son adresse et charmer ses loisirs,
et cela posé, j'arrive à l'histoire promise.

On croit généralement que le lièvre ne voit pas
devant lui, et qu'emporté par sa course rapide il
arrive souvent sur un objet avant de l'avoir aperçu;
ce que je vais dire confirme cette opinion.

C'était, si ma mémoire ne me trompe, dans les
jours du mois de mai 1832; je me rendais accompagné de l'ami fidèle qui ne me quitte guère, et
seulement armé d'une petite canne, vers un champ
où l'on pratiquait un labour avec une de mes nouvelles charrues dont je voulais observer le travail.

Je trouvai les deux jeunes gens, auxquels j'avais confié cette affaire, occupés à redresser le soc qui s'était tordu. Ils étaient placés à cette partie du champ connue sous le nom de traversaine, et vulgairement appelée *chintre*. Je m'enquérais des causes de l'accident, n'étant séparé d'eux que par un petit sentier de la largeur d'un pas, lorsque mon chien fit partir un lièvre, qu'il poursuivit en aboyant pendant quelque temps, et je n'y pensais plus quand tout à coup je le vis revenir sur ses pas en suivant le sentier dont j'ai parlé.

Sans dire mot je me tins sur mes gardes, et bientôt le lièvre arriva; d'un coup de canne lancé à sa rencontre je le frappai sur le devant de la tête, il culbuta, et resta mort sur la place, sans avoir eu le temps de pousser un soupir. Je le saisis et d'un tour de main rapidement exécuté je le cachai derrière moi, puis je me redressai et repris la conversation comme si de rien n'était. Tout s'était passé sans que mes gens occupés à la réparation de la charrue se fussent doutés de la moindre chose.

Quelques instants après je demandai à l'un d'eux, me gardant bien d'y attacher quelque importance, s'il n'entendait pas encore la voix du chien : Ah! me répondit-il en riant, ils sont, le lièvre et lui, au moins à une lieue s'ils courent encore. — Eh bien!

repris-je d'une voix accentuée et comme prophétique, ils ne sont peut-être pas aussi loin que vous
croyez. Tenez! par la vertu de ce bâton magique,
le lièvre va passer dans cette main, et en disant cela
je le leur montrai tenu par les oreilles.

A cette apparition mes hommes restèrent ébahis,
silencieux et comme pétrifiés. Je m'attendais à cette
stupéfaction. Dans la crainte de me trahir et pour
jouir plus longtemps de leur surprise, je m'éloignai
sans ajouter une parole.

Le coup si justement appliqué n'avait pas seulement porté sur la tête de l'infortuné quadrupède,
l'affaire ne tarda pas à transpirer.

On l'avait racontée avec cet air que l'on apporte
dans le récit des choses extraordinaires et mysté-
rieuses, et l'on ne m'abordait plus qu'avec le respect mêlé de crainte qu'inspirent aux villageois les
gens qu'ils croyent en possession de pouvoirs oc-
cultes. On me fit donc l'honneur de me prendre
pour un sorcier.

Eh bien! je le demande à présent, ai-je eu tort
de dire en commençant que la vie d'un lièvre était
fertile en accidents bizarres, tristes et souvent comiques. Je ne sais si je m'abuse, mais il me semble
que dans cette courte et fidèle narration on doit,
avec de la bonne volonté, trouver un peu de tout

cela, et cependant, circonstance notable, à peine avais-je eu le temps de connaître avant sa mort le malheureux si fatalement tombé sous la main de son meurtrier. C'était un vieux routier, et par conséquent, je l'affirme, le héros de bien des histoires déjà racontées par les chasseurs et les braconniers du pays.

Parlerai-je maintenant des mœurs du lièvre, qu'en dirais-je qu'on ne sache? mais dans tous les cas si j'en parlais, ce serait pour le défendre contre ses ennemis : rude tâche que je m'imposerais là, car ils sont nombreux. N'importe ! je l'ai moi-même trop mal traité jusqu'à ce jour, je dois faire acte de contrition et rompre une lance en sa faveur.

Partout j'ai entendu réciter ce vers de La Fontaine :

Cet animal est triste et la crainte le ronge.

et chaque jour le monde dit et répéte : *le lièvre est poltron, il a fui comme un lièvre*, ou simplement : *c'est un lièvre*. Eh bien, je dis, moi, que le monde a tort.

Comment! un pauvre diable inoffensif, qui n'a d'amis sur cette terre que ses yeux, ses oreilles et ses pieds, vous lui feriez un crime de s'en servir

pour éviter les embuches de toute sorte et inces-
samment dressées sous ses pas! y pensez-vous?
Pour l'accuser ainsi vous êtes-vous jamais mis à sa
place? car enfin avant de juger les autres j'ai ouï
dire qu'il fallait être bien sûr de soi.

Ah! je voudrais bien vous voir, avec une douzaine
de grands diables de chiens aboyant à vos trousses,
et pendant une ou deux heures le bruit perçant du
cor dans vos oreilles, pour vous apprendre que votre
fin approche, et juger de la mine que vous feriez à
pareille fête, et savoir enfin si vous trouveriez charmant qu'on vînt vous dire, après vous avoir promené
de la sorte : *il a toujours l'oreille au guet, il dort les
yeux ouverts*, et cent autres impertinences.

Voyons, sérieusement que prétendez-vous? vous
qui l'accusez de poltronnerie. Voudriez-vous par hasard qu'il déployât la fièreté et le courage du lion?
Ah! s'il portait gueule et griffe comme ce gaillard
là, je vous comprendrais, et peut-être alors n'irions-
nous pas aussi souvent l'insulter jusqu'à sa barbe.
Mais il n'en n'est pas ainsi, vous le savez, il n'a
pour se défendre que ses quatre jambes, et vous
voudriez qu'il tranchât du lion. Allons! cela serait
absurde. Ici je pourrais m'arrêter, mais je veux vous
confondre, oui, par vos propres yeux je veux vous
prouver que le lièvre est gai, aimable, spirituel et

6*

brave comme un Français; cela vous étonne? Ecoutez-moi donc!

Dans votre enfance et même dans votre âge mûr, plus tard encore, vous vous êtes arrêté, j'en suis sûr, devant un de ces théâtres en plein vent, dont presque tout le mobilier se compose d'une table et d'un coffret. De ce petit meuble, destiné à renfermer l'acteur et son costume, n'avez-vous pas vu souvent sortir un lièvre, qui d'un bond s'élance sur la table, et là, accroupi, prête une oreille attentive aux questions et aux ordres de son maître. Mon ami, lui dit-il, on assure que vous êtes triste! et le lièvre de danser et de battre la caisse; que vous êtes d'humeur inquiète, que la chute d'une feuille vous fait trembler! et le lièvre de frotter et retrousser sa moustache avec cet air dégagé que l'habitude de braver le danger peut seule donner... que vous êtes poltron! A ces mots prononcés d'une voix tonnante, le lièvre dresse les oreilles et porte la patte sur l'arme, hélas! souvent l'instrument de son supplice. Feu! lui crie-t-on, et le coup part sans qu'un seul brin de son poil ait témoigné de la moindre émotion. Et quand le nuage de fumée qui l'enveloppe s'est dissipé, vous le retrouvez à son poste, calme et modeste et prêt à recommencer.

Est-ce assez, dites-moi, êtes-vous convaincus?

Non! je le vois, des plaisanteries aussi cruelles qu'imméritées vont reprendre leur cours.

Décidément il faut croire à la malignité des hommes.

FIN.

TABLE.

—

www.ingramcontent.com/pod-product-compliance
Lightning Source LLC
Chambersburg PA
CBHW070526200326
41519CB00013B/2955